燕园动物

许智宏　吕植　主编

闻丞　王放　吴岚　陈炜　文

王放　刘弘毅　吴岚　闻丞　陈炜　等　摄影

北京大学出版社
PEKING UNIVERSITY PRESS

图书在版编目（CIP）数据

燕园动物/许智宏，吕植主编．—北京：北京大学出版社，2014.5

ISBN 978-7-301-24072-4

Ⅰ.①燕… Ⅱ.①许… ②吕… Ⅲ.①北京大学－野生动物－介绍 Ⅳ.①Q95

中国版本图书馆CIP数据核字（2014）第063522号

书　　名：燕园动物
著作责任者：许智宏　吕植　主编
责 任 编 辑：黄　炜
标 准 书 号：ISBN 978-7-301-24072-4/Q · 0147
出 版 发 行：北京大学出版社
地　　　址：北京市海淀区成府路205号　100871
网　　　址：http://www.pup.cn　　新浪官方微博：@ 北京大学出版社
电 子 信 箱：zpup@pup.cn
电　　　话：邮购部 62752015　发行部 62750672　编辑部 62752038　出版部 62754962
印　刷　者：北京中科印刷有限公司
经　销　者：新华书店
720毫米×1020毫米　16开本　16.75印张　130千字
2014年5月第1版　　2014年5月第1次印刷
定　　　价：150.00元

序

最近吕植老师告诉我《燕园动物》即将出版，这是继《燕园草木》之后，又一本介绍燕园生灵的书。吕植老师还告诉我，这本书全部是由一批生科院的同学完成。趁周末一口气读完书稿，除了为燕园还保存着十分多样的动物种群而震惊外，更为同学们对北大酷爱之深切、对燕园百禽虫鳞观察之仔细，感到由衷的高兴。

本书的特点是把记录描绘的燕园动物的生息变迁，放在燕园乃至整个海淀生态系统演变的背景下来归纳思考。前言后的“生态景观概述”一章简明扼要地向读者讲述了燕园生态系统的成因和特点，燕园的山水布局形成了不同类型的植被，正如书中所述，燕园内植被分布的特点又决定了很多动物的分布格局。燕园植被的演变也影响了动物种群的变化，比如人工草坪增加了乌鸫的数量。正是这动态中的动植物一起组成了燕园生态景观中最具生命力和灵动之美的部分。在同学们笔下向我们呈现的正是燕园中随春夏秋冬、白天黑夜而上演的一幕幕鲜活的景象。

至今，燕园中已有记载的脊椎动物（鱼类、两栖爬行动物、鸟类、哺乳动物）有二百多种。如果加上各种昆虫，水域中的贝虾水蚤、土壤中的蚯蚓、蚂蚁等无脊椎动物，那就更多了。这后面列出的一大批不为人注意的小动物，其实是维持燕园食物链正常运转的重要组成部分。本书向读者讲述了在燕园的动物世界里每天都在发生的悲欢离合的故事，其中的图片故事“小鸭子历险记(绿头鸭)”和“西门上的鸟(鸳鸯)”，都是我任校长期间所经历的。每当春天来临，走过校园中的这些地方，脑中即会浮现出这些活生生的故事中的情景。而随夏天的来临，又成了各种昆虫的世界，夜晚的燕园各种昆虫的鸣叫声，组成了一支昆虫的小夜曲，伴随着一对对情侣的窃窃私语。而在午后楼外此起彼伏、忽高忽低的一阵阵蝉鸣声又常使坐在教室里的莘莘学子昏昏欲睡。燕园的演变永无止境，我希望同学们能继续关注燕园中发生的一切，为我们不断增添新的动物的故事。

燕园很美。四季变化的植物和植被以及水系才使燕园中的各种动物有了安身之地。其中，有的是每年来去匆匆的过客，有的只是偶尔路过也许感到好奇的访客，也有更多的是燕园的“常住户口”。凡此种种，使燕园更有生气，更具灵气。如同我们的学校，有了来自各方的同学和访客，才使北大有了生气，才使北大有了灵气。

我相信，这本《燕园动物》，因其所提供的燕园生态环境演变的历史，动物世界的神秘而生动的故事，列出的不同种动物的详细介绍，同样将为北大广大的师生和校友所喜爱。以此为序。

许智宏

二〇一三年七月于燕园

目 录

前言　自由的山水燕园

每一片山水，都有自己独特的骨骼和脉络；每一汪江海，都蕴含着难以复制的气蕴和精神。北京大学于1952年夏天经过高校院系调整迁至原燕京大学校址后，燕园作为北大的校园的历史，已过一个甲子。往前追溯，自燕京大学购地办学始，燕园作为学园的历史，已近一个世纪。而在这片土地上修建园林的历史，有案可考者，肇始于明，兴盛于清，已经超过五百年的岁月。

燕园景观的骨骼，最初秉承自天成的海淀。太行山和燕山山麓汇集的雨水经历点滴汇集，潜流至此，在华北平原西北角的这片平川上汩汩而出，令低处汪洋恣意，令高处泉林殊胜，遂成京城上风上水的地势。

燕园景观的气质，得益于明清以降六百年间临近中华文明中心所得的熏陶。自明朝起，随明成祖北上的江南移民借海淀一勺水种出了香满宫苑的京西稻。仕宦之家、名士达人也纷纷借海淀一勺水来构造心中远山近水、鱼鸟同温的净心之所。来自塞外的清朝皇室，更不遗余力地在海淀造园，造出马上君主心目中的天下河山。两个王朝的积淀在海淀成就了自然与文化的圆融。当这片土地最终被买下用于建造燕京大学校园后，偏爱中国古典建筑的美国设计师亨利·墨菲和深受中国文化熏染的燕

京大学校长司徒雷登，以建设一个“最中国”的大学校园为宗旨，逐步促成这座中国近代史上质量最高学园的诞生。上世纪五十年代除旧布新，北京大学迁至燕园，让这座名园的中国意味更加名至实归，意义深远。

中国传统造园，以敬天礼地，崇尚自然为要，景观精髓可概括为“山水”二字。北大校园景观以未名湖水系为脉络，以周边小丘为筋骨，水流曲折，山势蜿蜒，与海淀山川河湖的大格局浑然一体，又自得其趣。无论燕京大学时期还是北京大学迁来后，校方均小心维系这一景观，于是在周边早已高楼林立、车水马龙的今天，才留得这方清净自在。

王朝兴衰，政权更替，这片土地上多少风起云涌，至今可历历见于经典史籍。巨匠大师，才子佳人，这片土地上多少星宿璀璨，至今可灼灼见于文苑科坛。而这片园囿，并非仅属于人类的历史。延续其中的，还有一部自然的历史。其中的主角，是一草一木，百禽虫鳞。它们中的一些，自人类的编年史开始之前很久，就活跃在这片土地上。它们中的一些，却是随着人类的足迹才出现的新住户。它们的过往、现在和将来，和人类的历史交织缠绕，一起组成了这片土地自己的故事。近百年来，燕园中早年引种的树木已经和原生的古树一样遒劲擎天，岸芷汀兰已经让引水的沟渠与河溪无异，匠心终已归于自然。看似荒芜的表象下实则是文化与景观上的返璞归真。“自由”，这一在北大精神中地位非凡的元素，随着自然的气息和灵动的生物，实实在在地流淌在这个校园里。

所以每一个站在北大土地上的人，都会在心中感慨北大的美丽。因为在这里你可

红隼飞过博雅塔

摄影 / 王放

燕园景观
摄影/王放

以直接触摸中国的历史，触摸旺盛的自然，从中感受到公共空间的安宁和活力。无论是多年的求学生涯，还是短暂的校园旅游，临走时深深印在心中的恐怕都有湖光山色的那一片水土。

所以每一个知晓北大生态秘密的人，都会惊奇赞叹北大的魅力，都会开始独立地去寻找发掘北大新的秘密。从茂密的灌丛树林，到昌盛的湿地植被，到起伏的丘陵景

观……自由生长的植被时时在进行着自然的演替和变迁，动物世界的悲欢离合每天都在发生。这样的秘密让人激动，因为它直接让人了解到真正自然的模样，甚至使我们思考应该如何对待城市绿岛，如何给予那一片片今天顽强存在的自然景观以生命。哪怕是一座小土山，一片小小的河湾。

燕园中有这样一群师生，在过去的十余年间将对身边自然历史的观察稽考作为“格物致知，诚意正心”的实践，将其贯彻到了自身的求学、治学生涯中。在这本图集中，我们将以一种世人似曾相识又不曾细考过的方式向大家呈现一个不一样的燕园，作为以自然历史视角叙事的一种尝试。

飞过水面的蜻蜓　摄影 / 王放

生态景观概述

北京大学是中国生物多样性最为丰富的高等学府之一。经过先后数百年的营建，校园之中形成了城市之中独特的半天然林–湿地生态系统。在近代以来数十年的自然恢复或轻微良性人工干预下，这片完整的水、陆生态系统，维持着数百种野生动植物的栖息和繁衍。由自然与社会研究中心主持，自2002年开始的校园生物多样性监测显示了这个校园令人赞叹的野生动物多样性。

以“勺园–国际关系学院–静园–图书馆”一线以北的机动车道（求知路）为界将燕园分为南北两个区域，我们可以在这两片区域看到截然不同的生态景观。

在南区，建筑物和道路占据了地表的大部分面积，在道路两侧和建筑周围有单调的条带状人工绿地。这一区域主要是教学区和学生生活区，日常人流量很大。相应地，这一区域总体上生物种类贫乏，与北京市内其他事业单位院落没有太大区别。但南区中央的燕南园是一个例外。燕南园保留了大面积的古老院落、别墅以及其中较为多样化的植被，虽然近年来燕南园的地表正在经历越来越多的人工改造，但燕南园依然是南区别具特色的一片绿岛。

燕园分区地图 1：勺园－西门，2：鸣鹤园，3：镜春园，4：朗润园，5：未名湖（故淑春园），6：静园，7：燕南园（肖凌云，闻丞）

在北区，荷花池－西门鱼池－勺海－未名湖－镜春园水域－红湖－朗润园水域等一系列活水相通的池沼湖泊和其间林木繁茂多样的丘壑错落相间，保留了原有明清古典园林的自然山水风貌。这一区域主要是北大的办公区，建筑均为古典传统风格的低层建筑。建筑周围的绿地以人工草坪间以树木竹丛为主，而在地形起伏的区域仍保留有天然的乔－灌－草植被结构。未名湖水系有流水、静水，有开放水体和被不同水生植物覆盖的

教学区房屋、绿化带及人流

水体，几乎微缩了东亚平原湿地景观的所有类型。除了节假日大量游客前来未名湖景区观光之时，这一区域日常人流量不大。

虽然燕园内的植被以人工植被为主，但不乏天然成分。以东西向横贯校园的机动车道（求知路）为界，人工植被在界限以南占压倒性优势，天然成分在界限以北占有

燕南园景观　摄影 / 陈炜

绿头鸭和未名湖畔建筑
摄影 / 王放

朗润园景观　摄影 / 刘弘毅

优势。

在南区，乔木主要是行道树。最为普遍的树种是毛白杨、加拿大杨、新疆杨和槐树，间以少量柿、枣、银杏、刺槐、旱柳、悬铃木、青岑、玉兰、杜仲等树木。燕南园中的乔木空间分布较为均匀，主要是高龄的榆树、平基槭、臭椿、刺槐、槐树和侧柏，也散生有桑树等其他树木。树冠相连，郁闭度较高。从整体看，在南区尽管绝大多数树木均为在不同历史时期人工种植的，但整体多样性仍然很高。

南区分布的灌木主要是在绿地中人工种植的观赏植物，如连翘、珍珠梅、金银木、海州常山、棣棠、黄刺玫、榆叶梅、碧桃、稠李、贴梗海棠、芍药、牡丹、白丁香、紫丁香、冬青和爬地柏等。这些灌木成丛散生在建筑物周围或者道路两边的绿化带中。另外，在燕南园、老校医院南侧以及静园草坪西北角，还植有成片竹林。南区草地以人工草坪为主，宿舍区的草地主要由麦冬构成；教学区有大片早熟禾草坪，在这些单一的草地上，植有孤立的火炬树、黄栌、油松、白皮松以及雪松等树木，散生有早开堇菜、紫花地丁、二月兰、蒲公英、地黄等杂草。静园草坪是整个校园中面积最大的开阔地，也是最大的草地。这片草地的草种以羊茅等多年生草本植物为主，混生多种杂草。静园草坪上散生有高龄的油松、桑树以及近年种植的紫玉兰等树木。

在北区，更多的乔木生长在连片的树林中。未名湖南岸的丘陵上分布着校园内面积最大的连续树林斑块。临湖轩以东树林中有较多针叶树，如侧柏、桧柏、白皮松和油松，间以银杏、平基槭、榆树；临湖轩以西树林中有更多的阔叶树，如桑树、构树、小叶朴树、白蜡、平基槭、栓皮栎、槐树、栾树、悬铃木，间以少量高大的雪松、桧柏、油松和白皮松。这一带的灌木主要是天然生长的植物，有少量鼠李、酸枣、荆条、黄栌，更多的是与乔木层建群种种类相同的幼树，尤以构树为多，也有桑树、榆树、槭树和极少量的栓皮栎。学校园林部门近年在面朝未名湖南岸一侧的土坡上还有意地种植了珍珠梅等灌木，增加了面坡林地下的灌草盖度和林地植被层次的多样性。这片林地中的草本植物除了南区常见的种类，还有更多薇甘菊、野豌豆、半夏等南区罕见的种类。从总体上看，这片林地乔灌草层次异常丰富，呈现出成熟的针阔混交林景观。

未名湖北岸红一至四楼北侧镜春路以北，中国经济研究中心以东，分布着校园内的另一片连续林地斑块。山丘林木与荷花池、镜春园、朗润园水域等水体交相辉映，构成了北大校园内最丰富的植被景观。这片林地的乔木层主要由毛白杨、加拿大杨、国槐、刺槐、榆树、栾树、柳树以及少量臭椿、香椿、桑树、油松、桧柏构成，灌木层主要由构树、酸枣、荆条以及各种蒿类构成。为树林环绕的水域水深很少超过一米，皆为泥质基底，水位季节涨落明显，适宜各种沉水、浮水和挺水植物生长。常见沉水植物包括金鱼藻、蜈蚣草，浮水植物包括荇菜、芡实、眼子菜、菱角，挺水植物包括莲、芦苇、茭草、菖蒲、红蓼、茨菰、泽芹等。在很多地段，树林与水域之间并无石砌驳岸的隔断，是直接相接的。在水位低的时候，树林灌草成分和喜阳的高大杂草能在一两个生长季内侵入干涸的池沼底部。

鸟类构成了校园脊椎动物的主要部分。2003 年以来，已在北大校园内记录到 181 种鸟类。其中有留鸟 13 种，夏候鸟 22 种，冬候鸟 12 种，历年稳定出现的迁徙过境鸟 73 种。在校园内有繁殖记录的鸟有 34 种。校园中的哺乳动物未被详细调查过，但有可靠目击记录的食虫目动物有 1 种，啮齿目动物有 4 种，食肉目动物有 1 种，翼手目动物至少有 2 种，另有大量流浪猫存在。校园内记录到爬行动物有 6 种，包括 1 种壁虎、2 种蛇和 3 种龟鳖。两栖动物现存只有 3 种，均为无尾类。鱼类至少有 26 种，涵盖了华北平原地区原生鱼类的所有主要类群。

校园各区鸟类种类丰富程度非常不均匀。历年来在南区有记录的鸟种共计 57 种，均为林鸟。其中 54 种见于燕南园，而有 17 种在南区仅见于燕南园。历年来在北区有记录的鸟种累计高达 179 种。其中，水鸟和依赖湿地生境的其他鸟种有 41 种，其余 138 种鸟均为林鸟。可见，北区多样化且连续分布的林地能为更多种类的鸟提供栖息

校园中常见的林地鸟类之一
黑尾蜡嘴雀　摄影 / 闻丞

校园中常见的林地鸟类之二
红嘴蓝鹊　摄影 / 闻丞

校园中常见的林地鸟类之三
灰椋鸟　摄影 / 闻丞

地。而比较北区主要的两片有林区域，即未名湖以南有林区域和未名湖以北有林区域，则可发现未名湖以南林地内仅能记录到 57 种鸟，与校园南区鸟种数相当，而未名湖以北有林区域可记录到 141 种鸟，其中除鸳鸯、绿头鸭、夜鹭是会较长时间进入林地的水鸟外，其余均为林鸟。可见，与植被丰富的水域交错分布且较少人类活动的林地可以吸引更多种类的鸟类栖息。

就目击情况看，刺猬主要分布在有连片林地的地区；花鼠主要分布在未名湖南岸林地和北岸林地南部一隅；达乌尔黄鼠和岩松鼠原来分布在未名湖南岸，尤其是文水陂一带，但自 2004 年以来已经多年不见；黄鼬在校园南区广泛存在。基于多年的目击状况，无蹼壁虎广泛存在于建

校园中常见的林地鸟类之四
珠颈斑鸠　摄影 / 闻丞

刺猬　摄影 / 王放

于上世纪八十年代以前的建筑中；火赤链蛇偶见于南区燕南园周边以及北区林地各处，虎斑颈槽蛇偶见于未名湖周围；巴西龟已经成为未名湖水系中数量最大的龟类，土著的草龟和中华鳖偶见于未名湖及未名湖上游的勺海等处。中华大蟾蜍在校园水域附近多有出没。而在 2001 年，夏季雨后甚至在学校南门附近也可见到。黑斑蛙则仅在荷花池、红湖、鸣鹤园、镜春园以及朗润园水域附近生活。

燕园内的植被分布特点决定了很多动物的分布格局。动植物一起组成了燕园生态景观中最具生命力和灵动之美的部分。尤其是各种候鸟南来北往的步调和花草树木的四季荣枯相耦合，年复一年有形有迹地记录着时间的流淌，给观者以触及灵魂的震撼与感动。桑、梓、松、柏、梅、兰、竹、菊，凫、鹭、鸠、鸮、朱雀、玄鸟、鸳鸯、鹰隼，这些草木花鸟，都是在中国文化中被传唱了数千年的意象。今天，它们作为自由鲜活的元素，仍然活在园内的景观中，春华秋实，南来北往，承载着传统，延续着生命。勺园、未名湖、临湖轩到博雅塔之间的林地，以至镜春园、鸣鹤园、朗润园和燕南园，都各有风貌，各有不同的动物活跃其间。

勺园

今夫水，一勺之多，及其不测，鼋鼍、蛟龙、鱼鳖生焉，货财殖焉。

《中庸》

由西校门南行到机动车西门处，可以见到一片小小的亭台回廊。描梁画栋的回廊和汽车路之间藏着一汪面积不大的湖水，位置也相对偏僻。但每到夏日，湖中盛开着北大最美丽的荷花，满池碧水和湖畔的毛白杨林闹中取静，营造出一片幽静的空间。这一片方寸之水就是勺园。虽然今天这里面积不大，但历史上却是全校开辟最早的一处园林。

自晚明名士米万钟借海淀之水“滥觞一勺”，构筑此园以来的四百多年中，“勺园”一直是海淀园林的代表。而论燕园各园的古老程度，更无出其右者。勺园的营建充分利用了丰富充沛的水源和星罗棋布的湖泊，可谓当时京西一座美丽的水上花园。米万钟曾经亲手绘制了《勺园修禊图》，用工笔写实的手法把园中景物惟妙惟肖地描绘下来。今天这幅图仍然藏于北大图书馆，使世人仍能从其中窥得一二分海淀那“一望尽水，长堤大桥”而“人与鱼鸟共寒温”的古朴风貌。

如今站在勺园旧址，只能见到浅池数亩，佳荷几支，山水大观已不复见。然而在这浅浅的海淀一勺中，鱼鳖仍在，野鸭鹭鸶亦随寒温变化而年年去来。它们，宛如来自历史深处的使者，用生命讲述着那个古老的海淀。

勺园景观　摄影 / 陈炜

鸳鸯　摄影 / 王放

黑斑蛙　摄影 / 王放

燕园山水钩沉

当我们依靠在勺园阑干的时候，勺海之水通过小河和沟渠连接着校园之中的十余个大小湖泊，使学校的河湖成为整体；当我们散步在未名湖畔的时候，环湖一带岗峦起伏，有着十分巧妙的点缀作用；当我们游弋在鸣鹤园、镜春园的时候，鸟鸣林幽，一下将旧园从熙熙攘攘的城市景观中独立而出。河湖纵横，冈峦起伏，而冈峦之上林木葱笼，又给校园平添不少野趣，也使得湖面倍觉幽深。这一切是人为塑造的结果，而非自然的本来面貌。湖是人工开凿的，环湖起伏的岗峦也是人工堆积的。

《勺园修禊图》局部

燕园和背后的西山山峦　摄影 / 王放

今天站在北大的土地上，我们看到的是一个将古典园林、自然生态和人居使用三者结合的典范。北大是项集体的杰作，一个由穿越时空的不同部分组成的完整的体系。

始建于明朝万历年间的勺园是北大校园之中最古老的部分。而在勺园兴建之前，由于海淀西北一带地形平坦低下、水源丰沛，背后西山耸立如屏，已经使这里成为京郊的游园胜地。之后明朝米万钟修建勺园；清康熙帝在勺园西北修建畅春园；宠臣和珅营造淑春园、鸣鹤园和镜春园；咸丰年间恭亲王奕䜣营建朗润园。至此，燕园的基本格局得以构成。而后历经战火烽燧和多次营建，从前的诸多园林组合在一起，构成了今天北京大学校园的基本部分。

这些园林曾经在中国的历史上占据重要的地位，甚至在一段时期成为政治的中心。以畅春园为例，康熙在三十六年间平均一年有三分之一的时间待在畅春园，大量机密国事在畅春园处理。六十大寿之时康熙在畅春园举办著名的千叟宴，邀请国内长者赴会。而广为野史流传的四皇子胤祯（雍正帝）在康熙病重之时修改遗诏篡位的故事，也是发生在畅春园。

尽管这些园林逐渐成为清末的政治中心，但是整个园林的营建思路却没有采取大刀阔斧劈开山河重建的方式，而是尽可能考虑设计和自然的融合。一位曾目睹畅春园的官吏评价畅春园“垣高不及丈，苑内绿色低迷，红英烂漫。土阜平坨，不尚奇峰怪石也。轩楹雅素，不事藻绘雕工也。”从中可以看出畅春园虽为皇家园林，但整体上仍然具有自然雅淡的特色，整个设计结合自然，山水走势取自自然的地形地势，而植被更是大量采用了原生的乡土物种。这样的设计思路，为今天燕园的自然景观打下了根基。

到了燕京大学时期，当时主持燕园规划建设的是美国建筑师亨利·墨菲，他虽然受教育于耶鲁大学，却十分欣赏中国的古典建筑与园林设计。他经常徘徊在一片山环水抱的废墟上，反复考虑从哪里开始确定整个校园的主轴线。有一天他站在一座土山顶上四面眺望，西方玉泉山塔忽然映入他的眼帘，校园大门（今西校门）的位置就这样确定下来了，而这正是我国古典园林中所谓“借景”的手法。整个校园由湖水、丘陵分成布局严整的教学区与后方环湖的风景区。又在东西主轴线之外设计南北次轴，以丘陵和湖泊间隔学生使用区域。“园基不拘方向，地势自有高低”。整个校园旧址选择在海淀台地的北坡低洼地，不仅在微地形上可利用台地高坎堆山，使山势更高峻；利用洼地理水，水自所聚。而且在大的地势上，有山可借，近借万寿山，远借西山；有水可引，近引万泉河，远引玉泉水。山是骨架，水为脉络，构成了整个北京大学园林的精髓。

发展到今天，在漫长的变迁之中，北大校园中旧园林的格局得以保留，而自然演替的树林、灌丛和湿地植被，使北京大学成为北京市区内部珍贵罕有的次生林–湿地体系。连绵起伏的山丘构成天然次生林体系。地表植被、灌木、乔木构成三个空间层次，各自处于自然的演替过程之中。未名湖以北的镜春园、朗润园一线分布着连贯的河湖网络，堤岸和湖底没有被水泥固化，部分湖区泊和堤岸之间有淤泥堆积的漫滩，漫滩之上生长大量芦苇、菖蒲等湿地植被，同时水深较浅，挺水植物众多，形成自然的湿地景观。次生林和湿地形成了一个自然的生态系统，初级生产力高，可以进行自然的物质循环和能量循环，为野生动植物提供了良好的庇护环境和生存空间。

未名湖

上善若水。水善利万物而不争，处众人之所恶，故几于道。居善地，心善渊，与善仁，言善信，政善治，事善能，动善时。夫唯不争，故无尤。

《道德经》

未名便是有名。钱穆先生妙手偶得的这个名字，赋予这

未名湖景观
摄影 / 刘弘毅

泓清水无限引人遐思的佳趣。未名湖是个“海洋”，因兼容并蓄，因气量宽宏，更因时时潮涌敢为天下之先。水利万物而无争，却又能涤荡一切，便是这样一种气质。

未名湖原是清代淑春园的水景，曾几易其主，几经兴废，只有一池不染铅华的清水和无语的石舫，能一如往昔地相互映照。作为燕园景观的核心，作为最大的水体，未名湖养育出园中体积最大的动物——那些体长能超过一米的大鱼。幸运的是，未名湖至今仍保持着中国古典园林风格的驳岸，石块、泥土及岸上草木的根须与湖水无距离地亲密接触。于是，卑小的螺蚌虾蟹，各色小鱼以及水生昆虫乃至龟、蛇，在这息壤与水交界的地方，纷纷找到自己的一席之地。它们与弄潮的大鱼一道，在水下组成了一张严密交织的生命之网。

至少三十一种鱼在未名湖沉浮出没。这里是北京市区鱼类最丰富的水体。

图片故事

校园的夜晚

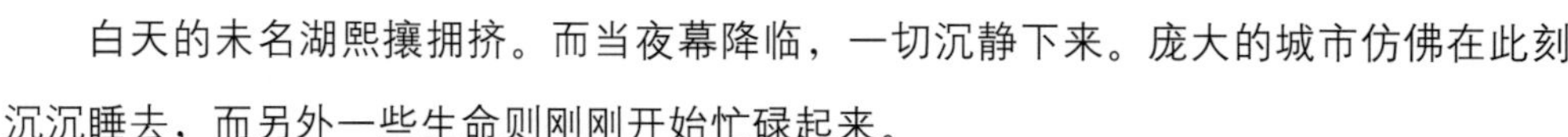

白天的未名湖熙攘拥挤。而当夜幕降临，一切沉静下来。庞大的城市仿佛在此刻沉沉睡去，而另外一些生命则刚刚开始忙碌起来。

刺猬喜欢趁着夜色在未名湖边活动，一窝刺猬就居住在未名湖西岸的小山包上。它们开掘出属于自己的地下行宫，控制着自己的领地。每年春天当气候回暖的时候，刺猬结束了长达三个月的冬眠，迫切地离开保暖的落叶堆寻找水源。这时候，北大办公楼以东最早化冻的小河给它们提供了赖以生存的水源。在夏秋时节，整个未名湖周边的小山上自由生长着灌丛和乔木，上一年积累的枯枝和落叶下面，栖息着刺猬最喜欢的各种昆虫；而当天气渐冷之后，数不清的小浆果可以给它们积累越冬的能量。刺猬的眼睛不好使，但嗅觉和听觉非常灵敏。明显而突出的耳廓，可以捕捉枯叶底下小虫发出的轻微的沙沙声，用鼻子闻一闻，然后就是迅速的捕食动作。它们的食量很大，一个夜晚就会有几百只昆虫落入它们腹中。

实际上，刺猬和俗称黄鼠狼的黄鼬、俗称赤链蛇的火赤链，以及校园之中数量剧增的流浪猫一起，统治着黑暗之中的地面。

黑暗之中天空的统治者是鹰鸮和红角鸮。未名湖北岸连绵的古建筑群在夜晚格外凝重庄严，如果抬头仰望夜空，或者凝视着屋角的勾檐和石雕小兽，你会在恍惚之间看到展开翅膀的黑影从你眼前一晃而过。黑影不发出一丝声音，让你疑惑是不是自己看花了眼睛。这些悄无声息的黑影就是捕食之中的鹰鸮和红角鸮。它们都位于自然生态系统之中食物链的顶级，自然的演化赐给它们精妙绝伦的身体结构和杰出的捕食技巧。鹰鸮的头部宽大，脸部密集着生的硬羽组成一个圆圆的面部叫做面盘。面盘是很

校园夜晚　摄影 / 王放

刺猬　摄影 / 王放

觅食中的刺猬　摄影 / 王放

好的声波收集器，上面丛生着触须一般的羽毛，能够在急速飞行的时候收集声波，感受空气各种细微的流动变化。

深夜里静静地守在鹰鸮的树下，一只成年的母鹰鸮站在古建筑的檐角，久久地站立着，仿佛和屋角的石雕小兽一样成为夜空中凝望天空的雕塑。夜晚很闷热，四周只有单调的虫鸣和蛙鸣，使得黑暗之中的古老院落显得更加幽僻冷清。不经意间，几只蝙蝠细弱的叫声打破了黑夜的寂静。在这细弱的叫声之中，刚才雕塑一般的鹰鸮开始不断地转动头颈，好像是在侧耳倾听来自蝙蝠的微小声音——这个时候的鹰鸮并不是

黄鼬　摄影 / 韩冬

真正地侧耳倾听，它转头的作用是使声波传到左右耳的时间产生差异，它不断地调整自己头部的方向，仔细比较着左耳和右耳声音的微小差别，以此确定猎物的位置。鹰鸮一边倾听，一边开始调整身体的方向，姿态也有了细

夜间的鹰鸮　摄影 / 王放

夜间未名湖　摄影 / 王放

微的变化。在这样的寂静之中，鹰鸮猛然从檐角腾起，直直地向上空直冲，然后一个转身扑击！黑暗的天空之中传来一声尖锐刺耳的叫声，那是普通伏翼蝠临死之前惊恐的哀鸣。借助头灯微弱的光可以看到，鹰鸮叼着刚刚捕到的猎物停在一株粗壮榆树的断枝前，伸嘴将猎物放入一个隐蔽的树洞之中。

当天色再一次亮起来，刺猬回到洞中蛰伏，鹰鸮和红角鸮躲在阴暗处开始了漫长的睡眠，而夜间的其他霸主也都隐藏在了隐僻的地方。校园之中的人渐渐多起来，与人一起开始繁忙生活的，是校园之中昼出夜伏的生命们。

图片故事

鳑鲏、河蚌和水生生态系统

一塔湖图，是多少人心中关于北大的画面，而无论是学习生活在燕园的学子还是慕名而来的游人，那一池未名水，以及水边绿树间的小径，都让人徜徉其间，流连忘返。也许历经世事变迁，它们自由得有限，可即使是一池池在人类关照下存活着的碧水，水下的世界也依旧是不寂寞的。

彩石鳑鲏　摄影 / 吴岚

说到水中的生命，醒目莫过于西门鱼池那些红得耀眼的锦鲤，不管是老师、学生还是游人，见到了总会忍不住拿食物逗弄一下的，可除了“饭来张口”的它们，要知道在这水域里努力生存繁衍的还真有不少呢。园子里小小几池连通的水里，由于自然环境和管理方式的不同，生活着至少三十一种鱼类和更多种类的无脊椎动物。所以不妨吃过饭来水边走走，嗅着水边植物的清香，低头瞧一瞧，那灰不溜秋最最常见的爱吃蚊子幼虫的是麦穗儿，鼓着大眼睛喜欢一大群一大群在岸边快速游动的是青鳉，还有天气一好就浮在未名湖水面上晒太阳的鲌和趴在驳岸石块儿上守“石”待“食”一脸天然呆的鰕虎。不过说到美貌与神奇并存，那还真是非鳑鲏莫属了。

一般我们说的鳑鲏是一大类鱼的总称，包括分类学上的鳑鲏和鱊，它们长相和生活习性都很相似，体侧扁，呈卵圆形，就像一条被夹扁了的鲫鱼，不过说起来，它们和鲫鱼倒也算是亲戚，在分类学上都是鲤形目鲤科的。鳑鲏小巧而漂亮，在北大水域里最大的种类也只有巴掌大小，它们银灰色身上的鳞片泛着蓝光，有些种类的雄鱼到了繁殖季节眼眶和鳍则泛起鲜艳的橙红色，有些种类鳍上则有黑色的花纹。

鳑鲏是广泛分布在温带地区的淡水鱼，不算罕见，不过它和生活在水底的河蚌之间有着不能不说的“秘密”。

产卵季节，鳑鲏们雌雄相伴，在水中寻找河蚌的栖息场所。一旦发现河蚌，雌鱼就伸出产卵管，插入河蚌的入水孔中，把卵产在河蚌的外套腔里。随后，雄鱼也在蚌的入水孔附近射精，精子随水流入外套腔使卵受精。受精卵依附在河蚌腮瓣间进行发

兴凯刺鳑鲏 摄影 / 闻丞

育。由于河蚌不断吸水，供给充足的氧气，加上贝壳的保护，鳑鲏的受精卵在蚌壳内无忧无虑地生长发育，直到孵化成幼鱼。当然，天下没有免费的午餐，鳑鲏在把自己的子女托付给河蚌时，也收养了河蚌的后代。当鳑鲏从河蚌的身旁游过时，由于水的振动刺激了蚌，它就把大量的后代（因能游泳且壳上带钩，所以被称为钩介幼虫）从出水孔排出来钩附在鱼体的鳃或鳍上。鱼体由于受到钩介幼虫的刺激，便很快形成一个个被囊，把幼虫包裹起来。于是这个幼虫便开始它的寄生生活，直到能独立谋生才离开它的“养父母”。

知道了这个小秘密，你就知道哪里能够找到美丽的鳑鲏啦。北大的大多数水域，由于水底有着松软的淤泥，生活着包括河蚌在内的许多软体动物。每到春夏之交，鳑鲏们就开始寻找它们的伙伴河蚌，合作培养各自的下一代，让多彩的生命代代繁衍。

镜春园

鸳鸯于飞，毕之罗之，君子万年，福禄宜之。
鸳鸯在梁，戢其左翼，君子万年，宜其遐福。
乘马在厩，摧之秣之，君子万年，福禄艾之。
乘马在厩，秣之摧之，君子万年，福禄绥之。

《诗经 . 小雅 . 鸳鸯》

镜春园在未名湖之北，未名湖水下泄注入此园沟渠荷塘，活泼泼一盎清水，内有一座小岛。镜春园曾为嘉庆皇帝之女庄静公主的居所，后在圆明园火劫中被焚，仅余一高大垂华门，门两边曾有联曰“乐天知命，安土敦仁”。近年北大建筑学研究中心在此恢复一处仿古院落。明清建筑风格的国际数学中心亦建于此。

镜春园水域周遭古木掩映，是燕园中至为清幽而景观最为古朴自然之所。

仲春之际，花开花落，蒲苇菡萏欣然生发。有群鱼自未名湖顺流而下前来繁衍生息，有候鸟在此驻足小憩。夏日间黄鹂啭唱，子规啼血。夏夜中流萤时时现于草间，蛙鼓彻夜达旦。更有佳禽鸳鸯，年年春来秋去。小小一方池塘中，最多时竟可见四五对鸳鸯相与戏水。古风所颂者，长存于此矣。

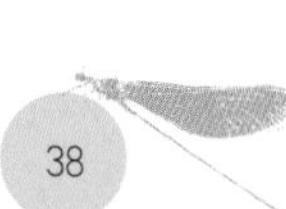

镜春园景观　摄影 / 刘弘毅

图 片 故 事

归去来兮

曾有一张摄于上世纪四十年代的黑白照片，天光水色一片平野。如镜的水面上阡陌交通犹如谱线。远处水中浮有一处仙山般的叠嶂，其上危楼高耸，气势非凡。那山，是万寿山；那楼，是佛香阁。照片上的，是在插秧时节站在玉泉山顶向东眺望海淀的景象。

2003 年的插秧季节，有几个北大学生站在既能俯瞰万寿山又能俯瞰玉泉山的一座

山头上眺望海淀，只见水色仅剩昆明湖、福海以至未名湖等稀落的几处，但眼前仍有成行成片的池鹭、夜鹭、小白鹭、大白鹭、中白鹭缓缓飞过。附近的几个山头上，满是白花花的鹭鸟，那里是它们结群繁殖的区域。头顶，有凤头蜂鹰、灰脸鵟鹰乃至翼展近两米的乌雕，乘风盘旋，扶摇而上，到了几乎人眼即将看不见的高度，就向着东北方向收拢翅膀，做“M”状滑翔而去。自上个冰期结束以来的一万年间，这些鸟形成了迁徙惯性，选择这里作为北上途中最后跨越华北平原的起点，除了借助太行、燕山的地利，恐怕也有这里长期以来水草丰美，可以提供充沛食物的因由。

那时的燕园中，北部的鸣鹤园荷塘、镜春园荷塘、朗润园荷塘迂回毗邻，水域相通。在四月春水盈池时，凫鹭渐来。小䴙䴘在鸣鹤园荷花池发出嘹亮的鸣叫，潜水觅食。待镜春园小岛上的槐树和柳树新叶萌发完毕，便有一群二十余只夜鹭前来停歇。小荷在水面初展后，它们开始衔枝营巢。这时芦苇也已在水滨摇曳成丛，足以隐匿东方大苇莺、棕头鸦雀、黑水鸡和在北京俗名“水骆驼”的黄苇鳽。间或还有红胸田鸡和白胸苦恶鸟这样性情隐秘且少见的鸟在苇丛缝隙中悄悄一闪，给人留下惊鸿一瞥的

遥望海淀　摄影 / 刘弘毅

感觉。整个夏季，上述水鸟都在燕园栖息，还要完成抚育后代的任务。而白鹭、池鹭也常从圆明园飞来这些地方跟上述常住户分享燕园水系的富饶。

2007年，几个北大学生再站在那座山头上眺望海淀，水色萧条了许多，农田又少了许多。颐和园往北一带道路拓宽，楼房成排成片地拔地而起。无论是眼前飞过的，还是附近山头上的鹭鸟，都变成了稀稀落落的几只。那时的燕园，北部的三片荷塘中，荷花渐渐不能遮蔽全部水面，水流时断时续。菖蒲、芦苇和其他各种各样的植物开始间杂生长起来。夜鹭群从两年前开始就已经不能维持繁殖，小䴙䴘、黄苇鳽、东方大

2007年镜春园的鸳鸯　摄影 / 闻丞

曾经在北京大学繁殖的黑水鸡 摄影 / 王放

2009 年水草丰茂的景象 摄影 / 刘弘毅

苇莺、棕头鸦雀、白胸苦恶鸟等在这个季节进行的繁殖将是它们在本世纪第一个十年中的最后一次。勺海大水面已是第三年没有荷花生长，池鹭、白鹭出现在燕园水系的频次也大大降低了。

2009 年，燕园北墙外 4 号线地铁施工，大量地下水被抽排入朗润园。朗润园、镜春园水位达到了五年来的峰值。湿地中草长鱼肥，一片兴旺景象。但鹭类、䴙䴘仍未

干涸的荷塘
摄影 / 王放

能在这一年恢复繁殖；黑水鸡的繁殖也在翌年停止。彼时，几个学生再到颐和园北的山顶四望，已经看不到一丝鹭鸟繁殖的景象了。

2012 年……

在进入二十一世纪以后的头十来年中，燕园水系经历了快速的变化。未名湖水系原先与万泉河首尾相通，万泉河最终流入清河，进而入温榆河，最后与海河水系相通。自 2000 年以后，万泉河渐渐只流淌城市排水管网来水。燕园水系与外界大水系的天然联系也渐告中断。自成一体，并因为水源的日趋紧张而缓慢萎缩。各种水鸟在燕园的渐次消失，是上述变化对生物多样性影响的一个显现方面。鸟是最容易被观察到的动物类群。水鸟的大量消失背后，是更大规模的湿地生物和湿地功能的丧失。鉴于燕园水系前承明代勺园之脉络，后启清代三山五园之先河，它的枯竭萎缩对于“借景山水，道法自然”的中国传统园林文化遗产而言，也是一不小的遗憾。行云流水何日再现，凫鹭雎鸠何时归来？

“悟以往之不谏，知来者之可追”。燕园水流的问题，不在围墙之内。它只是中国近代历史浪潮中的一朵水花而已。今日在未名湖畔徜徉的少年，明日不知奔赴何方。但愿每人都知道未名湖曾经真的连着海洋，知道未名湖上下曾有多少蒹葭苍苍、有蒲菡萏的风光。只要我们铭记住曾经拥有过的那份辉煌，就有争取令其光华重现的希望。

干涸的万泉河　摄影 / 吴岚

鸣鹤园

鹤鸣于九皋，声闻于野。
鱼潜在渊，或在于渚。
乐彼之园，爰有树檀，其下维萚。
它山之石，可以为错。
鹤鸣于九皋，声闻于天。
鱼在于渚，或潜在渊。
乐彼之园，爰有树檀，其下维谷。
它山之石，可以攻玉。

《诗经．小雅．鹤鸣》

鸣鹤园荷花池景观
摄影 / 王放

鸣鹤园在镜春园之西，北京大学西校门内北侧。原与镜春园同属圆明园附属之春熙园，后在乾隆年间成为淑春园之一部，后又在嘉庆年间被分出赐予亲王。民国时又为徐世昌租用，其中残存古建筑遭其拆除。直到院系调整，才与镜春园一起并入北京大学校园。与燕园中的其他园林一样，鸣鹤园命运也数历起伏沧桑。现在，鸣鹤园内东、南、北三个方向建有赛克勒考古博物馆等教学办公楼宇，风格均为仿古建筑，中间立有清代汉白玉日晷。园西有一方清池，池东岸有亭翼然，轻风穿堂，波光云影映入栏上，格致极为清爽。

鸣鹤园小池中原有荷花，水草繁茂。鱼戏莲叶，蔚为一景。池周古木参差，花木浓荫，也是一处禽鸟喜爱栖息的去处。池北还有荷塘一处，面积为燕园现存荷塘之最，塘北有闸通万泉河。由于地处幽静，竟有草长莺飞的景象。

鸣鹤园水榭景观　摄影 / 刘弘毅

图片故事

小鸭子脱险记

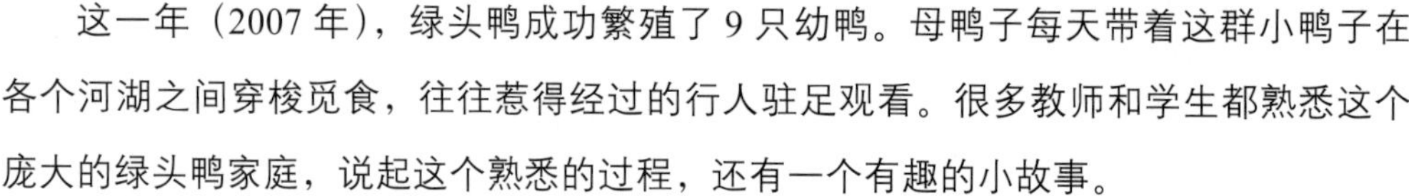

这一年（2007 年），绿头鸭成功繁殖了 9 只幼鸭。母鸭子每天带着这群小鸭子在各个河湖之间穿梭觅食，往往惹得经过的行人驻足观看。很多教师和学生都熟悉这个庞大的绿头鸭家庭，说起这个熟悉的过程，还有一个有趣的小故事。

这 9 只小鸭子的妈妈是一只年轻的雌性绿头鸭，在小鸭子出生的第一天，年轻的妈妈不知道是因为过于兴奋，还是因为初来乍到，一下子带着 9 只小鸭子跳进了校景

小鸭子脱险记 -1　摄影 / 王放

小鸭子脱险记 -2
摄影 / 王放

小鸭子脱险记 -3
摄影 / 王放

亭旁边的小湖——这是一个由废弃游泳池改造的小湖。这个小湖没有斑驳石头垒成的富有层次的驳岸，也没有长满芦苇香蒲的泥潭，而是由条石砌成直上直下将近半米高的湖岸。

母鸭子带领刚出生的小鸭子扑通扑通跳进了池塘，一开始还能够欢快地游泳觅食，

小鸭子脱险记 -3　摄影 / 王放

可是很快严重的问题出现了——小鸭子无法上岸了！母鸭子可以腾空而起跃到半米高的湖岸，而小鸭子没有办法。它们爬不上高高的堤岸，甚至连池塘中间的假山石都爬不上去。初生的小鸭子体内脂肪堆积非常少，长时间地浸在水中会给它们带来大量的热量丧失，而如果整个夜晚都被困在湖中，很可能会直接导致它们后面的成长发育出现问题。

母鸭子急切地跳上跳下，到处观察着池塘四周的情况，却毫无办法。很快池塘边聚集起了很多学生和老师，大家开始七嘴八舌地出主意。有的建议用网子捉起小鸭子放到东边的大湖；有的建议给鸭子一家在水中做一个浮岛，还有的建议给它们在水中搭建斜梯，帮助它们逃离困境。

天色一点一点变暗，学生真的行动起来，一个梯子扔进水中，马上整个被淹没，又一个梯子被架在上面，再在上面铺上油毡、软木板……母鸭子领着小鸭子，静静地在池塘的一角注视着学生们的“营救工作”。更多的学生和老师守在池塘的另一角，默默地替鸭子一家着急。

整整三个小时之后，母鸭子带领小鸭子迈出了决定性的一步，从学生搭建的斜梯逃离了小池塘。它们排着队穿过考古系大楼的甬道和小桥，排着队钻过大湖和小河之间连通的水泥管，最后排着队扑通、扑通全都跳进了芦苇遍布的镜春园湖泊。伴随着小鸭子的脱险，人群也快乐地散去，每个人都在心中带走了美好的回忆。

图 片 故 事

西门上的鸟

西校门是燕园的标志性建筑，是北大的形象代表之一。无论寒暑，西校门前除了师生进进出出，总有宾客络绎往来。在无数展现西校门的留影中，匾额和石狮是永恒的主题。不知多少人曾留意过，在“北京大学”四个字后的横梁上绘有一抹山光水色；紧挨着蓝底金字大匾左侧有一幅白莲鸳鸯，右侧对称位置上的是一幅芙蓉寿带。山水，鸳鸯，寿带，莲花，芙蓉，如此的景观，这般的花鸟，远在西门还有西门后的燕园出现之前，就曾在风烟里的朝霞暮霭中隐若。那是一个“天与山川共赏会，人将鱼鸟共寒温”的宁静世界。多少年后，当海淀已经成为北京最为尘嚣攘扰的一隅，北大西门上却仍然在其实显赫却又往往不为人所瞩目的地方旌表着这片土地上曾经的风光，不能不说是偶然中的一种宿命，一种包容宽广的人文精神对历史的追思，一种良知心底对自然之美和万物生灵的尊重与珍视。西门上的不单单是画，那也是现实。因为画上的一切，与那些大师，那些学子，那些精神和信仰一样，都是活在燕园中的。

鸳鸯春来秋去，它们是燕园中当之无愧的最美丽的鸟。历代对鸳鸯的歌咏或借鸳鸯的比兴俯首皆是，以《小雅 . 鸳鸯》中的最为悠久，以《孔雀东南飞》中的最为凄婉。2011 年，《自然北京——鸳鸯》一书出版，这是第一部为一个城市的鸳鸯专立的传记。从北京周边一带山水相依、泉林互映的历史风貌来看，鸳鸯在北京应该是古已有之。自古以来，鸳鸯居于乡野幽静之地。直到近代，才有鸳鸯与时俱进，开辟城市绿地湖泊为营。而北京城中为公众所知的第一窝鸳鸯，确凿地来自北大旧址沙滩红楼。1997 年初夏，有一只母鸳鸯在红楼院中的老槐树上孵出了十二只雏鸟。它带着孩子试图穿越皇城根的人流车流到北海去，遗憾的是未能如愿——结局是有八只小鸳鸯被不

西门上的鸳鸯　摄影 / 陈炜

明真相的热心市民送到了动物园。自那以后，人们不断在北京的各大园林中发现这种鸟，对它们的了解也日渐深入，于是便有了上面提到的那本书。

燕园的鸳鸯，曾经是一个秘密，一个只有观鸟者才知道的秘密。那时的鸳鸯深居简出，栖息于鸣鹤园至镜春园一带为林木掩映的荷塘中。有时沐着春雪，有时顶着挟着黄沙的朔风，一对或者两对鸳鸯年年在二月中至三月初到来。晨昏，它们觅食间静静地在清池水面上留下几道水痕，白天则相偎在高柳枝头打发时光。初夏，有小鸳鸯在荷塘中出现。到了莲蓬饱满的时节，它们就可以随母亲飞上枝头。这时，消失了一个夏天的公鸳鸯归来。于是便到了秋风渐凉，该南下的光景。在离开燕园前，它们会在夜晚进入林地，采食新近成熟的树木果实，进行南行前能量的储备。鸳鸯在燕园中这种近于隐者的生活一直延续到 2005 年。

在 2005 年前，燕园水系景观用水已经存在供给不足的问题。分别处于未名湖上下

鸳鸯特写　摄影 / 王放

游的鸣鹤园荷塘和镜春园、朗润园在冬季已经出现干涸现象。至 2005 年，在春季融冰后上述水域仅得到过一次补水，之后便因为传统水源万泉河没有来水，鸣鹤园与朗润园渐次见底。仅有镜春园水域由于可以得到少量来自未名湖的补水，尚可勉强维持。当年，与燕园比邻的圆明园也因为名噪一时的防渗膜事件正处于大片水域干涸的状态。于是，镜春园就成了圆明园和燕园中残存的唯一一片最适于鸳鸯栖身的场所。那一年的镜春园成了名副其实的鸳鸯湖，最多时曾有五对鸳鸯分享这片不大的水面。但好景不长，由于未名湖来水渐渐不济，这片水域也持续萎缩，最后到四月初时仅余寸许，鸳鸯只能勉强站在泥中了。即便如此，它们仍然顽强地坚守着，仿佛相信燕园中一定不会缺乏生机和奇迹。就在这段时间，燕园的鸳鸯首次成为了公开讨论的话题。一封为鸳鸯求助的电子邮件被发往北京大学的校长信箱，同时鸳鸯的照片和它们生活的环境第一次出现在了校园 BBS 上。当时分管学生工作的林校长和分管校园规划等事务的鞠校长得知这一情况后当机立断，组织校内管理用水的有关部门尽快沟通协调。最后，未名湖开闸泄水，镜春园再见清流。然而恰在“救命水”再次充满荷塘前两天，这一带已经完全见底。十只鸳鸯不知所终，空余泥上爪痕碎羽而已。

当初往校长信箱投信的几位学生空对清池，为鸳鸯心忧不已。每天晨昏，他们都会在校园中的高楼上向四方眺望，希望可以看到迅速划过长空的两双轻翼，或者听到雌鸳鸯高亢的叫声和雄鸳鸯相合的悠远哨音。鸳鸯没有让人们失望。第三天黄昏，有人见到一对鸳鸯从东南来，往北绕校园一圈，又低掠理科楼群往东南去。第四天清晨，有人在西门桥头见有一只雄鸳鸯且飞且鸣，向南而去。第四天中午，镜春园已有两对鸳鸯浴于水滨；次日午后，鸳鸯再次群集，还是五双！最终，其中有一对鸳鸯在燕园筑巢繁殖，那一年仅有一只小鸳鸯在勺海长大起飞，聊胜于无。就这样，燕园鸳鸯依然年年春来秋去，仿佛在信守承诺。一如西门上清晰的彩绘，不管你在意或不在意，

鸳鸯家庭
摄影 / 张永

它们就在那里，生生不息。

西门匾额右侧的寿带彩绘，鸟的部分已经褪色剥落，仅可勉强辨认。寿带不如鸳鸯知名度高，但依然是常见于传统花鸟绘画中的题材。寿带体长二十厘米左右，成年雄鸟中央尾羽特别延长，可达二三十厘米，特别飘逸。寿带头颈蓝黑色，具有金属光泽，有明显的羽冠。雌鸟体羽红褐色；胸腹部由黑灰渐变至白色。雄鸟有两种色型，一种体羽为红褐色，胸腹似雌鸟；另一种体羽和胸腹为纯白色，仅飞羽边缘有黑灰色。后一种雄寿带一如戴黑色方巾而穿素白直裰的古装处士，秀逸风采无以名状。寿带曾

西门上的寿带　摄影 / 陈炜

寿带（雌） 摄影 / 朱雷

寿带（雄）
摄影 / 朱雷

经是海淀地区近水林地的常见夏候鸟。婉转清丽犹如笛音的寿带鸣声曾经和更加嘹亮的黄鹂啼叫一同萦绕在初夏的燕园中。在镜春园还草木葳蕤人迹罕至的时候，夏日里，雄寿带曾如午后射入浓密林荫的一道光，轻盈地穿过枝丫，抑或翻飞着拂过田田莲叶，啄起一只蜻蜓，带回给巢中的雏鸟。虽然不是水鸟，但寿带比鸳鸯更挑剔地选择遮蔽水面的浓荫。虽然常常被绘于闹市庙堂，但寿带是真正远离尘嚣的君子，对现代文明保持着一种隐士式的不妥协态度。于是，在2005年初夏，最后一次在燕园中记录到寿带。一如西门上日渐剥落的彩绘，不管你在意或不在意，它们已经远去，只可追忆。

北大西门，的确是这所大学的窗口和形象。考察其上的细节，可能会得到关于它的过去或者当下的林林总总的顿悟。山水，鸳鸯，寿带，白莲，芙蓉，它们是比园子，以至其中的一切人工事物都要久远得多的存在。这座大学只有一样东西可以与它们一样永恒，那就是她的精神。即便是匆匆过客，如果能够争取一次机会在燕园中发现体味西门匾周围的这些风物，那他至少也分享到了这座大学的永恒，得以用心去体会那种光辉、宿命、追思、珍爱以及尊敬。

西门上的八哥　摄影 / 王放

八哥　摄影 / 王放

图片故事

不速之客

曾经有一只鸟，与十多只猫和几乎全北京的观鸟人度过一整个冬天。这只鸟可能是燕园中有史以来上镜率最高的鸟。它是一只知更鸟，学名欧亚鸲*Erithacus rubecula*。

知更鸟本是欧亚大陆西端温带地区园林绿地中的常见鸟，从不列颠群岛直到中国新疆，春季都能听到这种胸前如有一朵火焰的小鸟的鸣叫。在分类上，它属于一类叫做歌鸲的中小型鸣禽。顾名思义，所有歌鸲的雄性都有悦耳的歌喉。知更鸟的歌喉更与夜莺齐名，见诸数个世纪来西方各国文学作品。在英美国家，很多人名中带有“罗宾（Robin）”字样，足见这种鸟受喜爱的程度。

处于亚洲大陆东端的北京，远离知更鸟的分布区。但就在 2007 年 11 月底，两位常来北大校园的观鸟者却在蔚秀园的小花园见到了它。这是在北京首次发现这种鸟，消息一经传开就有四方爱鸟人士带着各种摄影设备纷纷前来留影。更令人惊叹的是，它活动的地方是校园流浪猫最集中的四个地点之一，超过十只流浪猫长期盘踞在这片数百平方米，四面都是居民楼的小花园中。这只知更鸟经常从柏树上的隐蔽处下到地面活动，有时就在猫一伸腰就能够到的距离。鉴于猫素有即使吃饱了也嗜好杀生为乐的恶名，大家颇为这只小鸟捏了一把汗。不过自从被发现直到翌年二月间，它却一直优游于众猫眼前，不仅如此，这鸟还时不时从猫食盆中揩点油。或许多亏在此坚持喂猫多年的爱心人士每日前来提供足量猪肝拌面条或者猪肝拌饭，让这里的众猫饱食终日已无他求，顺带也优待了远道而来的知更鸟。就这样到了春节，小区迎来一年一度的烟花爆竹自由燃放期，大家又捏一把汗，担心鸟被中国式的热闹吓跑。事实再次让大家惊喜，春节后它还在。直到 2008 年三月初，在北半球新一轮的迁徙季节里，这只

欧亚鸲　摄影 / 张永

鸟才从园中消失。大家相信，这个家伙一定是平安离开北京返回西方的家园去了。

每年，在燕园、北京乃至中国，都会出现一些不寻常的鸟，有一个专门的名词称呼这些鸟——“迷鸟”。其实迷鸟不尽然是迷失了方向的鸟。有一些鸟，每隔十年，二十年，或者五十年就会出现在远离其传统分布区的某地。有理由推断 2007 年底到 2008 年初出现在蔚秀园的知更鸟就属于这种情况，因为虽然在它之前没有在北京记录到过这种鸟，但是与它一样主要分布在欧亚大陆西端的几种鸟，如黄鹀、苍头燕雀、紫翅椋鸟和白腰朱顶雀，每几年都会在北京有记录。在欧洲，这些鸟的大部队冬季主要向南迁徙，只有小部分会向偏东方向飞翔，于是在条件适宜的年份，或者由于很多偶然的因素，便能到达中国。反之，在中国，很多常见鸟如黄腰柳莺、白头鹀的大部队也主要向南迁徙，只有小部分会向偏西方向飞翔，于是在条件适宜的年份，或者由于很多偶然的因素，便能到达欧洲。这种现象有悠久的历史，几乎和这些鸟种的历史本身一样长。这是受基因决定的。

上世纪中期，有科学家研究鸟类迁徙的决定机制。他们发现很多雀形目小鸟的迁徙方向受基因决定，相当于遗传学上的一种表型。有少数与众不同的个体，迁徙方向与大多数同类不同，其原因其实是基因发生了变异，表型出现了不同。这种迁徙行为可以遗传给后代。在通常情况下，迁徙方向不同的鸟往往会飞到不适宜越冬的地方——因为自然选择已经使得其同类的绝大多数飞往的越冬地恰是一段时期以来最适宜的越冬地。在这种情况下，那些飞往不同方向的鸟就真正迷失了方向，付出的代价往往是生命。但在变化频繁发生的时代，比如我们这个由人类主宰的时代，飞往不同方向的鸟反而可能得到惊喜。其实这样的事情已经发生了。在欧洲，有一种知更鸟的邻居，叫做黑顶林莺。欧洲的黑顶林莺曾经几乎完全飞往非洲越冬。在上世纪中期，偶然有英国的观鸟者在冬季也记录到了黑顶林莺。最初，这种记录也被当做“迷鸟”。之后，由于连年的暖冬，在英国越冬的黑顶林莺越来越多。最后，欧洲的黑顶林莺发展成为两个群体，一个群体往南迁徙，一个群体则往西到不列颠群岛。而且，由于往西迁徙的黑顶林莺飞行距离短，且能更早地回到繁殖地，以适应因为气候变暖而提前的物候，它们的繁殖在持续暖冬的年份反而比坚持传统路线的鸟更为成功。这个例子说明，迷鸟的存在是鸟

乌鸫　摄影 / 张永

类适应不断变化的世界的一种方式。尽管自然选择是严苛的，但生命依然想尽办法保持一定的自由度，因为只有自由的生命才有能力在变化面前进行自主的选择。

人类活动引起的气候变化使得某些“迷鸟”获益。暖冬和城市化一起，更为一些鸟类在很短的时期内开辟了广阔的生存空间。在小小的燕园中，也能见证这样的过程。

三月早春，在南、北阁和燕南园很容易听到一种鸟发出嘹亮多变的鸣叫。循着叫声，不难在高枝处发现一只中等大小、身体纯黑、嘴色鲜黄的鸟。这就是乌鸫，又因其多变的鸣叫和善于模仿的能力被称为“百舌鸟”。

乌鸫广泛地分布在欧亚大陆温带至亚热带地区。无论在欧洲还是在中国，它们都是为人熟知的园林绿地常见鸣禽。但北京本没有乌鸫，中国东部的乌鸫分布范围在上世纪八九十年代尚在黄河以南。北京的第一个乌鸫记录，发生在 2000 年，地点竟然是英国驻华大使馆。时任英国驻华大使是位鸟类爱好者，在中国任职期间雅兴不减，竟在使馆花园中张网捕鸟，进行环志。北京的第一个乌鸫记录即为此君获得。之后一二年间，在圆明园、燕园、北京植物园等多处均时有单只的乌鸫记录，大家也将其当做“迷鸟”或者逃逸的笼鸟处理。直至 2003 年，首次在燕园中记录到了乌鸫的繁殖，地点就在校长办公楼后的树林中，而当年乌鸫在黄河以北的记录更已是遍地开花。可见，乌鸫在过去二十余年间步步为营，已经将在中国的领域从江南拓展至整个中原。究其

乌鸫给幼鸟（右）喂食
摄影 / 刘弘毅

可能的原因，大致可以归纳出主要的三条。第一，乌鸫主要在地面觅食，寻找露头的蚯蚓或者掉落的浆果。以往由于北方冬季有大雪铺地，它们缺乏觅食的条件。近年持续的暖冬使得地面在冬季也经常暴露，这就为乌鸫这样的鸟提供了方便。第二，现代城市建设绿地园林多用开阔的草坪点缀以灌木作为景观主题，而所用灌木往往又能产生浆果，草坪则大量滋生蚯蚓。这样的配置也为乌鸫觅食提供了方便。第三，城市往往有热岛效应，加之可以提供适宜的栖息地，就可以成为一些原本不耐寒的园林鸣禽在北方的庇护所。这些鸟不能进行远距离的迁飞，但可以胜任从一个城镇飞往另一个城镇的旅程。于是它们有可能以城市为跳板，一步一步往北拓展生存范围。如此得益的鸟，在燕园中除了乌鸫，还有白头鹎和丝光椋鸟，它们都曾经只生活在中国南方，但现在已经遍及中国东部，甚至已经进入了东三省的城镇地区。

燕园中的鸟，正如燕园中的人，来自五湖四海，四面八方。有些不速之客，如知更鸟，不知多少年才会跟大家有一面之缘。有些不速之客，如乌鸫，最后因时而起竟然反客为主。这真正是一出永不停歇的生命活剧。

朗润园

至若春和景明，波澜不惊，上下天光，一碧万顷；沙鸥翔集，锦鳞游泳；岸芷汀兰，郁郁青青。

《岳阳楼记》范仲淹

朗润园旧名“春和园”，清代道光皇帝将其赐予恭亲王奕䜣后，恭亲王将其改名“朗润园”。据侯仁之先生考证，清末时朗润园曾一度用作赴颐和园上朝的大臣议政之所。晚清预备立宪时，诸多大事都是在此议定的，其中便有在后世影响中国亿兆苍生的事件。朗润园在校园最北端，南界镜春园、鸣鹤园，北至万泉河。朗润园主体建筑均在岛上，四面有水道环绕，北、西各有石桥一座，与大道相连。岛上东所

为水生植物充盈的曲折水道，摄于 2009 年。 摄影 / 刘弘毅

为中国经济研究中心办公场所。1995年至1997年，中国经济研究中心筹资重修朗润园，完工后北京大学在东所内致福轩前立碑纪念，碑文由侯仁之先生与张辛教授合撰，是为《重修朗润园记》。如今，朗润园已经成为当代英杰为经世济民而戮力治学的地方。

未名湖下泄之水，经镜春园而至朗润园，已至最低之处，水势迂回，潜流无声。这里既有季羡林先生撒下的南国红莲，更有恣意生长的土著草木，是燕园内水生植物最为丰沛繁茂的场所。清流润泽，乾坤朗朗，海淀原有的泉林之美，经历数十年的自然恢复，在此得以复现。然而，在水源紧缺的今天，如何保有这片水泥丛林中的绿色天然更是一件极具挑战的事情。

图 片 故 事

关于徙跋

书山学海无垠，跋涉之旅无限。铁路湘黔线途经溆浦。铁轨沿沅水一路向西，因水势而蜿蜒。窗外近处是碧透的江水，对岸有灰白的石滩，之上是墨绿的橘林，依稀可见些白墙黑瓦的民房点缀其间。远处，便是延绵的雪峰山，在暮色中显出沉沉的黛色。每到此时，脑海中便会浮现出《涉江》中的词句，“……朝发枉渚兮，夕宿辰阳。苟余心其端直兮，虽僻远之何伤。入溆浦余儃徊兮，迷不知吾所如……”。在词句所述的两千多年前，在尚靠脚力行徙的岁月，先民为了糊口谋生，或者也有为了其他的追求，历尽旅程的劳碌，步步踏过眼前的万重关山，那是怎样的一种艰辛。其实在上世纪三十年代，还有一批大师和后来成为大师的学生曾徒步越过溆浦的群山走向日后成为抗日战争期间的“民主堡垒”的昆明，这群人中有很多北大的先辈。

无论是在历史中还是日常生活里，大学里都充满着跋涉求索的故事。有发生在空间中的，有发生在心路上的。在燕园中，即便最不起眼的微小生灵，也在为生存而跋涉。

一米，甚至五十公分，是一条小径的宽度。对我们只是一步，对蜗牛就是需要花费数分钟，甚至一辈子也走不完的路程——如果恰好它的路线和一个急匆匆赶路不顾脚下的年轻人的路线在某一刻相遇的话。夏季每次暴雨后，校园绿地周围的硬路面上常可见到被压碎的蜗牛。也可以见到很多没有被压碎的，在身后留下一道发亮的痕迹，宣示它曾经成功地走过。

五米到四十米，是未名湖上游的明渠、勺海、鸣鹤园、镜春园和朗润园周围的杂灌草丛到水面的距离范围。每年春季，黑斑蛙从冬眠的角落里醒来，就需要爬过这段

蜗牛　摄影 / 王放

黑斑蛙　摄影 / 王放

距离下水产卵。如果有人、车来往频繁的道路横亘在这段距离中间，那很多青蛙就要面临悲剧的结局。

六十米，大概是畅春新园到勺园的人行天桥的长度；打六折，大概就是桥下颐和园路的宽度。曾经有一只黑白花的流浪狗，每天从畅春新园过桥跑到校园里，待做完该做的事情，又从校园里出来过桥返回畅春新园。这是一只比许多同类都聪明的狗。桥下开过的车，每年都夺去很多四足动物的生命。

三百米，大致是从未名湖东北角出水口沿暗渠以及明渠到镜春园水域的距离。每

鲫鱼洄游　摄影 / 刘弘毅

年三月中到五月，先是鲫鱼、鲤鱼，然后是鲶鱼，要顺着未名湖下泄的水流前往镜春园水草密集的池塘产卵。尔后，大鱼会离开这些水域，或者往上回到未名湖等待下一次洄游，或者往下去到朗润园，最后在干涸的泥洼中死去或者在水干前被鸟、猫或者人吃掉。如果这段时间镜春园水不干，就会有千千万万鱼苗在其中出世。而如果镜春园的水一直能保持到八月，则出生的鱼苗中会有一小部分幸运儿，能长到足够大，足够强，可以逆水回到未名湖去。这三百米的水线，能否在春天到夏天的一百多天中保持畅通，决定着千千万万生灵的生死，是它们的生命线。

五百米，一里地，即使是人走起来，也不是一段十分短的距离。这是从临湖轩附近草木密布的山丘经过未名湖水面，再经过未名湖北岸的建筑物间的小道，迂回来到镜春园、朗润园的大概距离。从这些山丘经过未名湖水面溯水而上，沿水道到达勺海、西门鱼池以及鸣鹤园的距离也大约如此。每年会有至少三十只小绿头鸭，跟随母亲走过这段在它们一生中最危险的路程。每年在未名湖南岸的林地中，会有三只左右的绿头鸭妈妈选择灌丛最为茂密——密到连猫和喜鹊都不会去冒险穿越——的地方，用胸前的绒毛和着草茎围成温暖的巢，在其中产下 8 ～ 12 枚卵，然后静静地在伏在其上孵化。只有在清晨和黄昏，鸭妈妈才会离开巢，到附近的水域觅食和洗浴，然后再绕开很远的路回到窝中——这是为了不让潜在的捕食者发现巢址而采取的措施。绿头鸭的孵化期是二十八天。小鸭破壳后当天或者次日清晨，就会跟随母亲来到最近的水域，一般是未名湖。在这里它们只待几天，因为开阔的深水区提供不了足够的食物。小鸭一旦体力稍好，母亲就会在清晨带领它们离开湖区，向着未名湖上游或者下游的湿地跋涉。如果它们能够躲开猫、喜鹊，或者个别不怀好意的人的干扰，活着走到那些地方，就能健康地成长，两个月后就能飞翔。一般而言，会有百分

绿头鸭家庭穿过公路走向镜春园
摄影 / 吴岚

进入镜春园“乐土”的鸭子一家　摄影 / 王放

之三十，甚至多达百分之七十的小鸭，损失在这段不长也不短的路上。

七百七十米，是未名湖最靠南的水域——文水陂——到三、四教附近的距离；折半，则是文水陂到燕南园的距离。在本世纪的第一个初夏，某天晚间一阵豪雨之后，笔者从四教出来，竟在路边草丛中见到一只硕大的中华大蟾蜍。这真是一件很令人吃惊的事情，它竟出现在离水那么远的地方。之后数年间，每到夏天常在燕南园的路灯下看到当年或者二年大的小蟾蜍，捕食扑灯落下的飞虫。真不知道这些坚韧的动物经历如何的跋涉才到当时见到它们的位置。它们是否记得回去的路？不得而知。

红隼　摄影 / 张永

一千米，是北大化学学院到燕园最西头，或者北大化学学院到清华园的直线距离。在化学学院筑巢繁殖的红隼，以化学学院为中心，在数平方公里范围内翱翔觅食。它们在领地范围内捕猎小鸟和大型昆虫，在最好的年景可以成功抚育四个子女。成功长大的小红隼会在秋天离开父母的领地，飞到数千米外，甚至更远的地方去开始新的生活。空间距离到了鸟的世界，便有了相对于陆生动物而言非常不同的数量级概念。

四千至七千千米，是北京到东南亚以至澳洲北部的热带雨林的距离范围。普通楼燕，要每年在这条空中之路上往返。它们曾经是北京城中数量最大的鸟之一，成群营巢于高大的飞檐斗拱之下。如今，随着旧城改造和对古建筑房檐的挂网处理，它们已经丧失了绝大多数传统营巢地。所幸在燕园中，它们依然可以在办公楼、俄文楼、外文楼、南北阁、老生物楼、地学楼、哲学楼、一体和二体篮球馆找到可以筑巢的屋檐。燕园的楼燕繁殖群体，多年稳定在二百余只，最多时可达三百只左右。这已经是北京城区现存已知的较大繁殖群体了。尽管它们能够远涉南洋，但在整个繁殖季节，它们

黄鹂
摄影 / 张永

楼燕　摄影 / 张永

的活动却几乎完全局限在燕园一千米见方范围的上空。情况跟楼燕类似的鸟，在燕园中还有几种。它们分别是东方角鸮、鹰鸮还有黄鹂。绿头鸭和鸳鸯的情况则比较复杂。它们在冬季可能远飞至长江以南的水域，有些个体也可能仅仅往南飞到动物园的水禽湖而已。

燕园中的人，其转徙空间之大，艰辛之巨，往往超过楼燕。与为本能驱使的动物不同，我们还有信念和更为丰富的情感，可以在万难之中支撑我们上下求索，不轻易停下跋涉的脚步。在燕园之外，人们可能会为其历史背景与文化所感动；但漫步在燕园中时，你会发现真正触动你的是身边生命的灵动。身处园中，在这不远不近的距离之间，人也会由于这些生灵产生一种关于身世的感通。迁徙与跋涉似乎成了人与自然、动物与自然之间脱不开的命运。动物的迁徙，使整个大自然体系变得如此生动而美丽；人的迁徙，造就了文化的交融成就。路漫漫其修远兮。

燕南园

抱定宗旨；砥砺德行；敬爱师友。

《一九一七年出任北京大学校长演讲》蔡元培

燕南园位于燕园南部腹心地带，北临静园和第二体育馆，南接学生宿舍区，东西分别是大讲堂和老校医院。上世纪二十年代到新中国成立后院系调整前，燕南园是燕京大学的教职工住宿区；之后很长时间中，也是北京大学的教职工住宿区。燕南园中曾一时大师云集，以至建国初期有“知名学者不一定住燕南园，住燕南园的一定是知名学者”的说法。燕南园中的大师们与每一个自由穿行在燕南园中的晚辈学子之间没有界限。燕南园经历了北大入驻燕园后每一次风雨和每一次彩虹，无论时势如何变迁，北大的精神和学术传统都在这种宽松自由的氛围下薪火相传，继往开来。燕南园是北大的精神家园。

始于北平最豪华的教师住宿区，经历过半个多世纪的风浪跌宕，燕南园已经铅华洗净，达到圆融深沉的境界。弃养的家猫、黄鼠狼、鸟，都在林木森森的宁静学园中找到了各自的位置。从文明的极致，进而生出天然的平和与包容，燕南园的变迁也许就是一个寓言，浓缩了人类文明所应经历的蜕变。

故园　摄影 / 陈炜

教学生活区

大学之道，在明明德，在亲民，在止于至善。

《礼记．大学》

图 片 故 事

病木功德传

古人把盏吟诵“沉舟侧旁千帆过，病树前头万木春”，以明虽遭不虞但仍豁达地放眼将来之雅量。殊不知病木在自然界中，可以生菌，可以生虫，可以居鸟兽，本有牺牲自己供养众生的功德，世人却往往只乐见万木青葱，即便想到病树也只拿它来做负面对照，当垫背而已。在燕园中，若将病树全然砍倒或者治好，各种虫鳞羽毛就要少掉一大半，生机大减，这大概是大家所不乐见的了。

每种树木都有自己的一套手段抵御天敌和自然灾害。当它还在青壮年的时候，坚韧而富含单宁酸的树皮，附有蜡质的叶面，还有散发着各种清香的木质，都很难被真菌攻陷。但随着时光的流逝，树老如人老，渐渐衰朽。酷日曝晒，风雨摧折，霜雪凌冻，刀砍斧劈，各种力量在大树伟岸的身躯上留下的伤痕渐渐不能弥合。于是，真菌、细菌和植物病毒便开始侵入。它们对于树木就如疥疮之于肌体，尤以真菌作用最烈。普通教科书上常讲真菌是分解者，以降解死亡动植物的机体获得营养。实际上，很多真菌直接寄生在活的动植物身体上。在燕园中，夏日多雨闷热的时节里，会有各种掌状或者伞状的蘑菇从那些古老的槐树、臭椿树、杨树甚至银杏树的树干或者树根部冒出来。它们都是营寄生生活的真菌，平时以菌丝形态侵入大树的木质部，遇到高温高湿的环境才萌发出硕大耀眼的子实体。

被真菌入侵的树木，无论活着还是已经死去，变得比那些健康茁壮的树木更吸引各种小型无脊椎动物，因为它们能提供更多的食物。很多昆虫和其他无脊椎动物直接取食植物的各部分，包括叶、花、果以及汁液。但有更多的却以植物被真菌寄生的部分为食。树木的木质部主要由坚韧的纤维组成，除了白蚁等少数昆虫，很少有动物能够直接利用这些组织。但真菌可以分解消化木纤维，而真菌更容易为动物所用。最令昆虫爱好者着迷的独角仙或者锹甲这样的大型甲虫就是这类通过食用真菌，间接利用树木木质的无脊椎动物的代表。从另一方面说，树木可以在很长的时期内顽强地抵御真菌的侵蚀，它们被各种病害拖垮的过程是缓慢渐进的。那些依赖寄生或者腐生真菌提供食物的生物并不需要等到树木倒下那天才有机会开始饕餮。一旦树木开始生病，它们就有机可乘，并一路跟进。当这些生物繁茂起来之后，更大型的捕食者纷至沓来，新的食物链条像新的菌丝一样纷纷生发，纠结成网。于是病树用自己逐渐消散的身躯换来的是一整个日益纷繁的生命社区。

一棵年轻的树，枝叶扶苏，茎干笔挺，如青年健康的肌体般柔韧光滑。然而，无论鸟还是小型哺乳动物，都不会在这样的树上多花工夫。那些老树、病树，在真菌和跟随真菌步步而来的各种动物的侵蚀下瓦解，却是大至鹰鸮、鸳鸯，小到冠纹柳莺和旋木雀的最爱。这是为什么？因为它们能提供更多的空间和繁衍的场所。当一段生长了数十年的粗大树干终于向已经啮噬自身多年的那些生物投降，在一阵北风的吹袭下轰然断裂之后，就会有一个断口暴露出来。如果这个断口向上开放，雨水便更容易浸湿这里。这将利于真菌和后继的一系列生物进一步往下将木质部掏空。经年累月后，先是一个凹陷，再是一个不规则的坑，最后断口会变成一个往下很深的洞，底部往往还有些裂隙，可以将后来落下的雨水导向树木身体更深的地方。在人看来，这个过程对树木无异于撕心裂肺。但大树并不因此而痛苦呻吟。相反，它对更多的生物张开了欢迎的臂膀。春季，准备繁殖的雌鸳鸯一旦见到这样的树洞就会毫不犹豫地钻进去；同样地，鹰鸮也会费尽心力四处寻觅这样的去处。它们都需要一个足够宽、足够深的树洞做窝，在其中孵化下一代。

在树木渐渐病老的过程中，啄木鸟扮演着一个微妙的角色。啄木鸟在有的教科书中被称为树木的医生，因能啄食木头中的蛀虫而闻名。但这实际仅仅是啄木鸟和树的故事的冰山一角。首先树皮下的蛀虫并非啄木鸟的唯一食物。就昆虫而言，蚂蚁往往构成很多啄木鸟食谱中的主要部分。例如，燕园中体型最大的啄木鸟——灰头绿啄木鸟——在夏秋季节就主要靠在地面觅食蚂蚁为生。其次，啄木鸟并不全靠吃虫为生，其食性复杂程度有时候不亚于麻雀。它们可以啄食松子、橡子甚至核桃这样的大坚果，

啄木鸟在树干上觅食　摄影 / 闻丞

也会吃柿子、桃子这样的水果，甚至还会舔舐花蜜和树木的汁液。燕园中散生各处的平基槭、毛白杨，在冬季是啄木鸟们经常光顾的树木。它们费劲地錾木，并不都是为了虫子。更多的时候它们是为了在树上打开一个创口，让富含糖分的树汁流出来，然后借这种高热量的流体食物抵御严寒。事实上，啄木鸟的这一行为会使得一系列鸟受益。在燕园中，名单包括沼泽山雀、白头鹎、黑尾蜡嘴雀、燕雀和麻雀。而啄木鸟的另一行为，又惠及更多其他种类的鸟。

戴胜育雏　摄影 / 王放

啄木鸟在树干营巢　摄影 / 王放

啄木鸟以树洞为巢。与鸳鸯、鹰鸮不同，它们自己开洞筑巢。它们从不在衰朽的枝干上开凿巢洞，它们总选择那些强健粗大的树干。这些原本健康的树干被啄木鸟穿通后，无处不在的真菌不久就能发起另一轮入侵。数月或者数年后，这枝树干也许就会从原先的一个啄木鸟洞处被摧折。然而在它断开之前，啄木鸟洞会被其他很多鸟轮番利用，它们都在洞中营巢，却不能在树上开凿。这一名单包括灰椋鸟、丝光椋鸟、八哥还有东方角鸮。事实上，燕园中只有啄木鸟和沼泽山雀可以在树干上自主开巢，而山雀有时也利用啄木鸟的旧巢。西伯利亚花鼠这样的哺乳动物，偶尔也

灰椋鸟育雏　摄影 / 刘弘毅

在啄木鸟的旧巢中栖居。

树慢慢长大，慢慢变老，慢慢因病害而变得遒劲扭曲。在此过程中，越来越多的物种受惠于它。它仅仅是无声无息地走向那最后的归宿而已。尘归尘，土归土，它最后将从太阳那里得到的光与热，又释放给了万千其他生灵。每一棵历尽沧桑的老树，就像一位岁月洗练出来的长老智者。当你在树下仰望，仿佛每一片树叶都会向你投来目光，无声地告诉你那些关于历史和生命的故事。每当看到园林部门殚精竭虑地将老树上的树洞用水泥封死又修饰做仿真的形象，或者用输液器像给病人打针一样给老树输液，我就会想，那棵病树本身所乐见的结局，是不是这样？

物种介绍*

*物种介绍按蝶类、哺乳动物、鸟类、爬行动物、两栖动物、鱼类和实验动物依次展开。在每一类群中，各物种按汉语拼音首字母顺序排序。

斑缘豆粉蝶

Colias erate

中型蝴蝶(翅展 38 ~ 53 毫米),成虫 4 ~ 11 月出现,数量较多。雄蝶翅黄色,缘毛桃红色。前翅正面外缘宽黑色区中有几个黄色斑,中室端有一个黑点,反面同一位置的黑点中间有条白线;前翅反面沿亚外缘区有不明显黑褐色点。后翅正面外缘的黑斑纹断续相连,中室端部有浅褐色圆圈包围的圆点,在正面为橙黄色,反面为银白色;后翅反面亚外缘有浅褐色小点围成。雌蝶斑纹同雄蝶,但分为两型,一型翅为淡白黄色,易与雄性区别;另一型为黄色,从斑纹和颜色上较难与雄性区别。飞行速度慢,以幼虫越冬。

寄主为苜蓿、大豆等豆科植物。校内寄主为三尺萼野豌豆。

斑缘豆粉蝶
摄影 / 陈阳

大红蛱蝶

Vanessa indica

成虫翅展 54 ~ 60 毫米，翅正面黑褐色，外缘波状。虫体粗壮黑色，前翅顶角有四个白斑，亚顶角斜列几个白斑，中央有一条宽的橙红色不规则斜带，带中有三个不规则黑斑。后翅暗褐色，外缘红色，内有一列黑色斑。前翅反面除顶角茶褐色外，前缘中部有蓝色细横线；后翅反面有茶褐色的云状斑纹，外缘有四枚模糊的眼斑。飞行速度快。以成虫在杂草、落叶下越冬。喜访花，吮吸树液、粪便。和小红蛱蝶的区别在于，大红蛱蝶的后翅翅面除外缘橙色带外均是黑褐色，而小红蛱蝶后翅为黄色有黑斑；大红蛱蝶前翅顶角的白斑不规则、而小红蛱蝶为呈半圆形分布的白色圆斑。

校内偶尔可见。寄主为榆树，能看到雌蝶在低矮的榆树嫩芽上产卵的情景。

大红蛱蝶
摄影 / 陈炜

东方菜粉蝶

Pieris canidia

中型蝴蝶（成虫翅展 43 ~ 52 毫米），翅粉白色，前翅正面中部有两个黑褐色圆斑，翅基部黑色，顶角宽黑褐色与外缘中部黑褐色菱形斑相连，中域有两个黑斑，下方近后缘处一个模糊黑斑；反面仅中域有两个斑，较正面大而色浓，近翅基靠近前缘有黑色鳞片。后翅正面前缘有一个黑色大斑，外缘脉端有三角形黑色斑；反面无斑纹，中后部布有稀疏的黑色鳞片，肩角细狭，黄色。飞行缓慢，以蛹越冬。

东方菜粉蝶的寄主为十字花科植物，在校内主要为二月兰。东方菜粉蝶数量远少于菜粉蝶，形态上主要区别是东方菜粉蝶后翅正面外缘的黑色斑列和前翅反面的两枚黑色斑。

东方菜粉蝶（正） 摄影 / 陈炜

东方菜粉蝶（反） 摄影 / 陈炜

柑橘凤蝶

Papilio xuthus

柑橘凤蝶又名花椒凤蝶。黄黑相间的美丽大型蝴蝶（翅展 70 ~ 95 毫米）。成虫分春夏两型，春型较小而夏型较大。成虫体淡黄绿至暗黄色，有黑色纵带。翅面浅黄绿色，有明显黑色脉纹；前翅外缘的宽黑色带中有八个月牙斑，中室有四条放射状黑色纵纹，端半部有两个黄色长圆形斑间两个黑斑；后翅近外缘有六个新月形黄斑，其内方有蓝色斑列，中室沿脉纹有黑色带，黄绿色，无斑纹；臀角处有一橙黄色圆斑，斑中心为一黑点，有尾突。雄蝶略小于雌蝶，但颜色更鲜艳。飞行速度快，喜访花，校内常见。以蛹越冬。和金凤蝶的区别在于金凤蝶的臀角处橙色圆斑内无黑点、前翅中室基区为黑褐色。

凤蝶科的幼虫一般肥胖而没有刺毛，是鸟类喜爱的食物。于是它们在幼虫的不同阶段有着不同的拟态。在低龄的时候模拟鸟粪，五龄的在胸部有眼斑模拟绿色的蛇，受到惊吓时会伸出像蛇信子一样的红色丫状腺，散发出特殊味道以恐吓天敌。蝴蝶是寡食性昆虫，幼虫只吃某一类或某几类食物，所以雌蝶通常会将卵产在寄主植物上，这样后代一出生就有食物吃。柑橘凤蝶的校内寄主为芸香科花椒，花椒树在蔚秀园和承泽园有分布。

柑橘凤蝶　摄影 / 陈炜

黄钩蛱蝶

Polygonia caureum

常见的中型蝴蝶（翅展 44 ～ 48 毫米），成虫分为春型、夏型和秋型。翅面黄褐色，翅外缘角突尖锐，秋季型的尤为明显。前翅正面中室内有三个黑褐斑，后翅中室基部有一个黑点，中区、外中区有不规则黑色斑点；前后翅后角的黑斑上有蓝色鳞片。翅反面褐色，前翅后角和后翅腹面中域有一银白色 C 形图案。飞行速度快，以成虫越冬。雌雄差异不大，雌蝶色泽略偏黄色。黄钩蛱蝶与白钩蛱蝶的区别在于，黄钩蛱蝶前翅中室有三个黑斑，而白钩蛱蝶只有两个黑斑。此外，前翅反面的银白色 C 形图案，黄钩蛱蝶较为粗短，而白钩蛱蝶细长。

黄钩蛱蝶在校内的寄主为葎草 (*Humulus japonicus*)。由

黄钩蛱蝶（正） 摄影 / 陈炜

于校内清除杂草，导致未名湖以南的葎草基本消失，在未名湖北的镜春园、朗润园以及北京大学自然保护与社会发展研究中心周边留存较多，因此这些区域在发生季节能够见到大量黄钩蛱蝶。黄钩蛱蝶的幼虫身体黑色，布满橙黄色枝状肉刺。

黄钩蛱蝶（反） 摄影 / 陈炜

蓝灰蝶

Everes argiades

常见小型蝴蝶（翅展 20 ～ 28 毫米）。灰蝶的共同特点为眼周有一圈白色，触角黑白相间。成虫发生时间为 4 ～ 9 月。雌雄异型。雄蝶翅正面蓝紫色，外缘黑色，缘毛白色。前翅中室端有一不明显黑斑；后翅沿外缘有一列小黑斑。尾突细而短，臀角有眼纹，在停落时上下摩擦尾突以迷惑天敌。雌性翅面黑褐色，前翅无斑，后翅外缘近臀角有一列 2 ～ 4 个橙红色斑，斑下部有黑点。翅反面白色，前翅近外缘有黑色斑列，后翅中室有两个黑点，中域有不规则黑点，臀角处有橙斑间黑斑。成虫喜访花，飞行缓慢。

寄主为苜蓿等豆科植物。在校内可以在塞万提斯像附近看到。

蓝灰蝶（雌） 摄影 / 陈阳

蓝灰蝶（正） 摄影 / 陈阳

蓝灰蝶（反） 摄影 / 陈阳

亮灰蝶

Lampides boeticus

小型蝴蝶（成虫翅展 32 ～ 34 毫米）。年生两代，第一代 6 月，第二代 9 ～ 10 月。

雌雄异型。雄蝶翅正面紫褐色，在阳光下闪光，前翅外缘褐色；雌蝶翅灰褐色，后翅基部有少量蓝色鳞粉，翅内缘具蓝灰色绒毛。臀角有两个黑斑具白环，尾突细长。翅反面同为淡褐色，具白褐细线相间的波状纹，后翅亚缘有一条白色宽带，臀角处有两枚黑色圆斑，上覆萤绿色金属闪光鳞片，上内方橙黄色。

亮灰蝶（正） 摄影 / 陈炜

亮灰蝶的拉丁名来自拉丁文 *lampus*（灯），中文意为“亮”，指的就是后翅的白色宽带，这也是亮灰蝶区别于其他种的重要特征。

寄主为豆科植物，校内寄主为扁豆。校内少见。成虫喜访花。

亮灰蝶（反） 摄影 / 陈炜

丝带凤蝶

Sericinus westwood

丝带凤蝶又名软尾亚凤蝶、马兜铃凤蝶。成虫翅展50～60毫米，出现于4～9月。丝带凤蝶雌雄异型，雄蝶最突出的特点是翅面以淡黄白色为主体、尾突细长，后翅臀角有大黑斑，黑斑中有醒目红色横斑和三四个小蓝斑；前翅基角、前缘、顶角及外缘黑色或黑褐色；中室中部和端部各有一个黑色条斑。雌蝶前翅中室有五个大小不同、形状各异的不规则黑褐斑，前缘、外缘、亚外缘区、中后区、中区、基区和亚基区都有不规则的黑褐色斑或带；后

丝带凤蝶（雄）
摄影 / 陈炜

丝带凤蝶（雌） 摄影 / 陈炜

翅基区、亚基区有不规则的斜横带；外中区有红色带，外侧的黑色外缘横带有蓝斑。雌蝶的尾突长度长于雄蝶。飞翔轻缓，姿态优美。

丝带凤蝶以蛹在枯叶下、土缝处或表土内越冬，翌年 4 月中旬越冬蛹开始羽化。越冬代成虫将卵产在刚出土的嫩茎上，往往靠近土面，不容易被发现。以后各代的卵均产在马兜铃的叶子、嫩茎及幼果上。丝带凤蝶在校园内极少见。未名湖南岸的土坡上有大量丝带凤蝶的寄主北马兜铃，雌蝶有集中产卵的特点，仔细观察或许会发现丝带凤蝶幼虫的集群现象。丝带凤蝶幼虫特点是黑色虫身上有成排的橙色肉刺。

隐纹谷弄蝶

Pelopidas mathias

弄蝶被称作最像蛾子的蝴蝶，拥有停落时翅膀竖起来、触角不是棒槌状这些一般作为辨识蛾类的基本特点。隐纹谷弄蝶为中小型蝴蝶（成虫翅展 34 ～ 41 毫米），成虫发生时间为 9 ～ 10 月。翅正面黑褐色，有黄绿色鳞片。雌雄异型。雄蝶前翅正反面相同，有八个大小不一的半透明白斑，排列成不规则半环状，其中顶角斑三个，中域斑三个斜列，中室斑两个；后翅正面无斑纹，反面亚外缘中室外有 5 个白点排成弧形，中室内也有一白点。雄蝶前翅正面有灰黑色斜走线状性标。雌蝶前翅正面无斑，反面中域斑的斜下方还有两个斑，上小下大。后翅反面有 5 ～ 7 个灰白斑，中室基部一个。

隐纹谷弄蝶是在城市中最容易看到的弄蝶。寄主为水稻、谷子等。飞行速度快，喜访花，在校内花坛经常可以见到。

隐纹谷弄蝶
摄影 / 陈炜

东亚伏翼

Japaness Pipistrelle
Pipistrellus abramus

蝙蝠是唯一真正具有飞翔能力的哺乳动物，它们不仅可以滑翔，还具备振翅飞行随意改变飞行方向的能力。它们的前肢退化，指骨和后腿之间连有翼膜，可以像翅膀一样在空中扇动，让它们灵活地在空中翻腾。和其他蝙蝠一样，东亚伏翼也是在夜间活动。它们的飞行和捕食完全依靠发出和回收超声波。

北大是东亚伏翼最喜欢的栖息地类型。它们最喜爱栖息在古典建筑物的屋檐瓦缝之内，白天蛰伏起来躲避捕食者或高温阳光的伤害，晚上活动觅食。晚间在北大散步，无论是在四院、草坪，还是西门、文史楼，只要抬头仰望夜空就不难看到东亚伏翼在天空中往复飞翔的情景。它们主要以捕食蚊及飞蛾等细昆虫为主，在昆虫繁殖的平衡和整个生态系统的稳定中起着重要作用。而蝙蝠本身也是鹰鸮、东方角鸮的食物来源。

东亚伏翼　摄影 / 王放

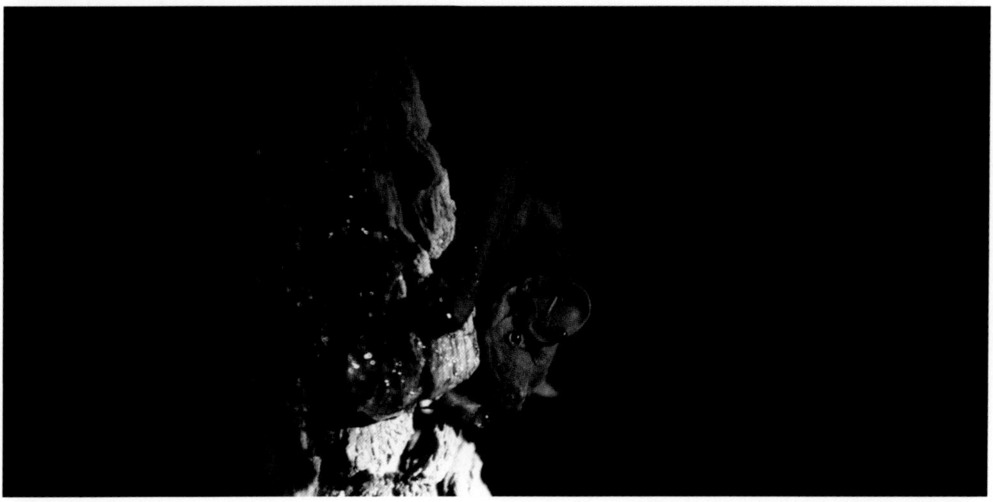

花鼠

Siberian Chipmunk

Eutamias sibiricus

背部有数以纵条花纹的小型松鼠。腹部浅黄白色；体背赤褐色，有五条明显的棕色或棕黑色条纹，也因此被称作“五道眉花鼠”。

花鼠广泛分布于中国的北方，栖息地延伸至俄罗斯欧洲部分的北部和西伯利亚，是适应性极强的小型啮齿类动物。只要有足够的食物，有适于掘洞以保护它们不受捕食者伤害的土壤，它们几乎可以在任何地方生活。花鼠的食物主要由植物的籽粒、嫩芽和叶组成，夏秋季节还吃花、蘑菇和昆虫。它们有冬眠的习性，在夏天它们会建造大型贮藏室，用两颊内的两个富于弹性的袋子——颊囊，将食物大量储藏起来，以应对漫长的冬眠。每到春暖花开时节，雄性花鼠会率先从冬眠中醒来，开始新一轮的繁衍生息。

北大的花鼠分布广泛，尽管校园以北的花鼠种群数量更为庞大，但在三角地、学生宿舍区也不时能够看到花鼠的身影。未名湖南岸临湖轩附近是花鼠活动最为频繁之地，丰饶的植物种类给花鼠提供了几乎取之不尽的食物来源，低矮繁茂的灌丛之下是大片土地，它们尽可以开掘出自己的地下宫殿，贮藏食物，躲避敌害。花鼠不仅在树上活动，也同样喜欢在地面活动，它们会拣食人类丢弃的食物残渣，甚至会收集破碎的布片、塑料袋作为垫窝的建筑材料。金花鼠可以使植物籽粒大面积扩散，在北大的半天然林生态系统中扮演着重要的角色。近年来花鼠的种群也受到了来自流浪猫的巨大威胁，种群数量出现了下降。

花鼠　摄影 / 王放

花鼠　摄影 / 王放

八哥

Crested Myna
Acridotheres cristatellus

体大 (26 厘米) 的黑色椋鸟。冠羽突出，尾端有狭窄的白色，尾下覆羽具黑及白色横纹。嘴黄色，脚暗黄色。飞翔时翅膀上的白色大斑异常醒目。联络叫声似汩汩流水，也能发出刺耳尖叫和动听的哨音，还善于模仿其他鸟的叫声。

分布于中国南方至东南亚东北部，被引种至其他地区。喜在开阔或近水的草地活动，也见于城市园林和果园，性喜结群，有时跟随牛马等大型哺乳动物，捕食惊起的昆虫。在树洞中筑巢繁殖。在北京，八哥可能是逃逸笼鸟的后代，多为留鸟。在燕园，每年春季可见有三五成群的八哥飞来校园北部的镜春园和朗润园，在高大树木上活动，或与其他椋鸟争抢可以作为巢穴的树洞。夏季，在北部诸园水滨湿润处，也常可见到八哥走动觅食。秋冬季节尚未发现过这种鸟。

八哥
摄影 / 张永

白鹡鸰

White Wagtail

Motacilla alba

中等体型 (20 厘米) 的黑、灰及白色鹡鸰。体羽上体灰色，下体白，两翼及尾黑白相间。冬季头后、颈背及胸具黑色斑纹但不如繁殖期扩展，黑色的多少随亚种而异。飞行中发出重复急促的双音节鸣叫；占区时发出吵闹而具有金属质感的啭鸣。飞行时高低起伏轨迹呈波浪状。

分布于欧亚大陆和非洲。在中国东部最常见的亚种是 leucopsis。繁殖于华北、华东近水的开阔地带，北方鸟南迁越冬。常在水滨滩涂走动，追扑昆虫为食。在北京，迁徙季节常见于各大水域周边的绿地。在燕园，四月、八月至九月常见有白鹡鸰飞过上空。在鸣鹤园荷塘和朗润园，如有积水，在上述季节也可见到这种亲水的鸟停歇觅食。

白鹡鸰　摄影 / 王放

白鹭

Little Egret
Egretta garzetta

中等体型 (60 厘米) 的白色鹭。体型较大而纤瘦，嘴及腿黑色，趾黄色，繁殖羽纯白，脑后有细长的饰羽向后延伸，背及胸具蓑状饰羽。通常无声，在争斗中和群聚繁殖地发出粗哑的呱呱声。

广布于欧亚大陆、非洲和大洋洲。为常见留鸟和季候鸟。喜在浅水沼泽、滩涂和海滨沙滩等环境活动，有时也在溪流中涉水觅食，非常适应稻田生境。群鸟分散不停地走动觅食，常与其他水鸟混群出现。在北京，曾有大量白鹭依赖西郊和北郊的稻田及湿地生存。随着环境的变迁，白鹭数量已经剧减。在燕园，常有白鹭从邻近的圆明园飞来觅食。尤其每当朗润园和鸣鹤园水域季节性干涸前夕，就会有多至十余只的白鹭前来与其他水鸟以及喜鹊这样的机会主义者竞享受困的鱼类。

白鹭
摄影 / 王放

白眉姬鹟

Yellow-rumped Flycatcher
Ficedula zanthopygia

体小 (13 厘米) 而色彩明艳的鹟。雄鸟的腰、喉、胸及上腹黄色，下腹、尾下覆羽白色，眉线和翅斑也为白色，身体其余部分黑色。雌鸟上体暗褐沾绿色调，下体色较淡，腰暗黄。通常做单音节如撞击声的“啧”音，与会发出相似声音的鸟类相比，白眉姬鹟发出的音调较为低沉。在繁殖地，雄鸟能发出婉转高亢的笛音。

繁殖于东北亚，冬季南迁。生活在湿润的中低海拔阔叶林中，捕食昆虫，在树洞内营巢，也会利用人工巢箱筑巢。在北京，白眉姬鹟于五月中上旬迁来的，可在各种园林绿地，包括小区花园内较少人为干扰的阔叶林内发现。在山区和近山的平原地带适宜生境下也有白眉姬鹟繁殖。在东灵山小龙门林场，白眉姬鹟是夏季常见的林鸟。在燕园，每年五月和九月能在燕南园、鸣鹤园和镜春园等处发现这种鸟。

→白眉姬鹟（雄）
摄影 / 张永

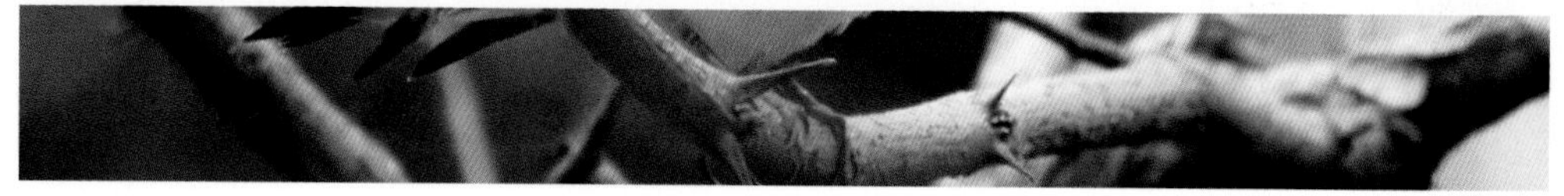

白眉鹀

Tristram's Bunting
Emberiza tristrami

中等体型 (15 厘米) 的雀鸟。头具显著条纹。成年雄鸟头部有显著的黑白色图纹，喉黑，腰暖棕色而无纵纹。雌鸟及非繁殖期雄鸟色暗，头部对比较少，但图纹似繁殖期的雄鸟。胸及两胁纵纹较少且喉色较深。通常发出轻微的“啧”声单音，繁殖季节雄鸟也发出高而细的婉转叫声。

繁殖于中国东北和邻近的西伯利亚林区，冬季向南迁徙，越冬主要在华南的常绿阔叶林中，偶尔见于东南亚北部。白眉鹀主食植物种子和嫩芽，繁殖季节捕食昆虫。在北京，四月和十月晚至十一月在各大园林绿地可以记录到迁徙过境的白眉鹀。在北京植物园等地，也有白眉鹀越冬。在燕园，白眉鹀主要活动于鸣鹤园、镜春园和朗润园的阔叶林中，多在水滨湿润地带活动。

白眉鹀（雄）
摄影 / 韩冬

白头鹎

Light-vented Bulbul

Pycnonotus sinensis

中等体型 (19 厘米) 的橄榄色鹎。俗名“白头翁”，得名于眼后有一白色宽纹伸至颈背。黑色的头顶略具羽冠，这与很多其他鹎类相似。髭纹黑色，臀白。幼鸟头橄榄色，胸具灰色横纹。白头鹎鸣声丰富，时而叽喳嘈杂，时而圆润浑厚如流水的节律。

白头鹎分布遍及中国东部、越南北部以至琉球群岛，以中国为主要分布区，基本可以算中国的特有鸟种。部分北方群体有南迁习性。地区性常见于园林绿地和低山森林地带。白头鹎食性杂，但多采食各种植物果实，繁殖季节也大量觅食昆虫和蜘蛛。繁殖期外结群活动于树冠，很少下至地面活动。在北京，上世纪九十年代以前，偶有白头鹎的记录。鉴于当时这种鸟的分布范围主要在长江以南，这些鸟都被视为逃逸的笼养鸟或者迷鸟。之后稳定的白头鹎繁殖群体逐渐被发现于北方各大城市，于是人们逐渐认识到这种鸟正在稳步地向北方扩展其分布范围。现在，凡是北京城市中面积较大的园林绿地，均有白头鹎生存繁衍；秋冬季节可以观察到数量更大的群体。在燕园中，白头鹎首见于2002年冬季，之后数量渐增，且夏季也有居留个体。现在，白头鹎已经是燕园较为常见的留鸟和季候鸟之一。在春季，可以观察到多至五十只的个体集群活动。在未名湖南岸林地和燕南园，都能容易地观察到白头鹎。

白头鹎 / 摄影 / 王放

白尾鹞

Northern Harrier

Circus cyaneus

体型略大 (50 厘米) 的灰色或褐色猛禽。有似猫头鹰但小得多的面庞；具显眼的白色腰部及黑色翼尖。成年雄鸟上体色灰而下体白，仅有初级飞羽为黑色；雌鸟褐色，上胸具纵纹。幼鸟体色似雌鸟。通常无声。

广布于全北界，在温带开阔原野、湿润草地甚至农耕地栖息繁殖，冬季南迁。常在开阔高草地带贴近地面缓慢飞行，发现猎物后迅速俯冲到地面捕食。主要猎捕小型哺乳动物和鸟类。在北京，秋冬季节常见于郊区各大水库周边的湿地、草甸和其他开阔地带。春秋季节也可以记录到迁徙过境个体。在燕园，白尾鹞算是个不速之客，但近年均有稳定的过境停留记录，而且都在同一个地点，即鸣鹤园荷塘。大概是因为该地点较为开阔且长满了高大的芦苇、菖蒲等植物，让白尾鹞觉得可以借以藏身的缘故吧。

白尾鹞（雄） 摄影 / 韩冬

白尾鹞（雌） 摄影 / 韩冬

白胸苦恶鸟

White-breasted Waterhen

Amaurornis phoenicurus

体型略大 (33 厘米) 的深青灰色及白色的秧鸡。头顶及上体灰色，脸、额、胸及上腹部白色，下腹及尾下棕色。嘴偏绿色，嘴基红色，脚黄。叫声为连续吵闹的“咳哇咳哇”声，因谐音“苦恶苦恶”，所以得名。

分布于南亚、中国南部以及东南亚和马来诸岛直至菲律宾。生活在各类湿地中，包括水稻田和城市沟渠附近的浸水草地，甚至是污染很重的地方。经常大胆地走到开阔地带觅食，因此比其他秧鸡种类常见。捕食鱼虾等小动物，也吃部分植物性食物。喜单独活动，偶尔三两成群。在北京，白胸苦恶鸟是各类苇塘、荷塘湿地中的偶见鸟。在燕园，曾有白胸苦恶鸟连续多年在鸣鹤园荷花池内繁殖，直到 2005 年该水域持续长时间干涸为止。在镜春园水域，直至 2007 年，仍有此鸟生存。如今后这些水域得到恢复，有望重新发现这种鸟。

白胸苦恶鸟
摄影 / 韦铭

北红尾鸲

Daurian Redstart

Phoenicurus auroreus

中等体型 (15 厘米) 而色彩艳丽、尾羽发红的小鸟。具明显而宽大的白色翼斑。雄鸟眼先、头侧、喉、上背及两翼褐黑，仅翼斑白色；头顶及颈背灰色而具银色边缘；体羽余部栗橙色，中央尾羽深黑褐。雌鸟褐色，白色翼斑显著，眼圈及尾皮黄色似雄鸟，但色较黯淡。臀部有时为棕色。发出单音节的轻柔咯声，或者高而尖哨音，鸣声为一系列欢快的哨音。

分布于东北亚至中国西南。在南方繁殖于亚高山森林或者灌丛及林缘开阔地，冬季下迁或南迁。在北方繁殖于中

北红尾鸲（雄） 摄影 / 闻丞

北红尾鸲（雌） 摄影 / 王放

低山甚至低地。筑巢于各种孔穴中，会利用建筑物或者人工巢箱，冬季南迁。常立于突出栖处，尾颤动不停。主食各种昆虫，也吃浆果。在北京，北红尾鸲是中低山地区的繁殖鸟，活动于林缘和农耕地周围。在小龙门林场沟谷中是最常见的夏候鸟之一。在燕园，每年最早在三月底即有北红尾鸲从南方迁来，见于校园各处的绿地包括路边花坛，但以北部为多，常见雌雄成对活动。秋季过境鸟见于十月，但数量较少，有时可见在结满果实的金银木上活动。

长尾山椒鸟

Long-tailed Minivet
Pericrocotus ethologus

体大 (20 厘米) 的山椒鸟。雄性后背、腹部、外侧尾羽以及翅膀上的覆羽和一些飞羽为艳红色，其余部分黑色；雌鸟体色灰，而相应于雄鸟红色部分的区域为黄色。体型纤长。与喜鹊、乌鸦等同属于鸦科。鸣声为圆润的双音节笛音，第二声较轻。飞行中常发出鸣叫。

广布于从阿富汗向东至中国和东南亚的区域。是华北地区可见的唯一一种红、黄色山椒鸟。北方群体夏季在山区森林中繁殖，生活于各类针阔叶林，捕食昆虫，秋冬结群南迁。在北京，东灵山、百花山等山区海拔 1000 米以上林地夏季均有长尾山椒鸟栖息，尤以东灵山为多。春秋季节在平原地区有大树生长的绿地上可记录到这种鸟。在燕园中，每年四月下旬至五月初，在镜春园和朗润园的高树上会有小群长尾山椒鸟驻留。

长尾山椒鸟（雌） 摄影 / 韩冬

长尾山椒鸟（雄） 摄影 / 韩冬

池鹭

Chinese Pond Heron

Ardeola bacchus

体型略小 (47 厘米)，翼白色，身体为深色的鹭。飞行时白色的翅膀很显眼，落下后翅膀收起，则很容易隐藏到植被背景中。在繁殖季节，池鹭的头及颈为深栗色，胸呈紫酱色，颈部和背部还有丝状蓑羽，颇为鲜艳；在非繁殖季节，池鹭站立时通体褐色，而具纵纹，飞行时翅白而背部深褐，如穿了深色马褂一般。嘴黄色而尖色深，繁殖季节脚色发红或者鲜黄，非繁殖季节黄绿色。通常无声，争斗时发出粗哑的“呱呱”叫声。

池鹭分布遍及南亚东北部、东南亚至中国东部。华北、华东群体秋冬南下至华南、云南和东南亚越冬。常见于稻田和水生植物繁茂的水域。捕食小鱼、青蛙等水生动物。在北京，池鹭曾有巨大数量，依赖曾经遍布北京郊区的水稻田和沼泽地以及园林湿地生存。迟至 2003 年，在北京西郊的百望山、香山等地，还能观察到规模近千巢的繁殖地。随着稻田和湿地的消失，池鹭数量急剧下降，京郊规模庞大的鹭类繁殖地也荡然无存。现在在市区，仅能在颐和园、圆明园等有较大面积水域的公园中观察到这种鸟。在燕园中，池鹭曾经是很常见的夏候鸟。夏季在鸣鹤园荷花池、勺海以及镜春园到朗润园的荷塘中，都能见到三五成群的池鹭飞起飞落或者静静地伫立水滨等待觅食的机会。在 2004 年以来，随着燕园中的很多水域逐渐成为季节性水域，且干涸时间越来越长，池鹭也逐渐成了罕见的鸟。现在仅在鸣鹤园或者朗润园还能偶尔见到。池鹭的命运，反映了北京湿地的变迁。

池鹭（非繁殖羽） 摄影 / 张永

池鹭（繁殖羽） 摄影 / 王放

大斑啄木鸟

Greater Spotted Woodpecker

Dendrocopos major

中等体型、黑白相间的啄木鸟。雄鸟枕部具狭窄红色带而雌鸟无。两性臀部均为红色，胸部近白色而有黑色纵纹。啄木鸟常单独活动，繁殖季节也可见成对活动者。叫声尖利，多为隔数秒重复的单音节，常在飞行中发出。也常发出连续响亮的錾木声。飞行轨迹常常是起伏的波浪状。

大斑啄木鸟在欧亚大陆温带地区广泛分布，在中国见于云南至东北的广大地区。它们一般生活在针叶林或者落叶阔叶林中，多为留鸟。在北京，大斑啄木鸟常见于各类有大树生长的绿地。在燕园中，从教学区到未名湖直至人迹罕至的北部诸园，均有它的身影。大斑啄木鸟捕食树皮下的昆虫幼虫，有时也下至地面捕食蚂蚁等昆虫。在冬季，它们也啄食松子、橡果、柿子等植物性食物，甚至还会啄开槭树或者杨树的树皮，舔舐富含糖分的树汁。这一行为也使得其他鸟类，如白头鹎、燕雀和黑尾蜡嘴雀受益。大斑啄木鸟在树洞中营巢，一般由雄鸟在 4 月初啄出巢洞。它们营造的树洞，有时也成为椋鸟甚至猫头鹰的巢。无论从与森林的关系，还是与其他鸟的关系看，啄木鸟都是一种重要的生物。

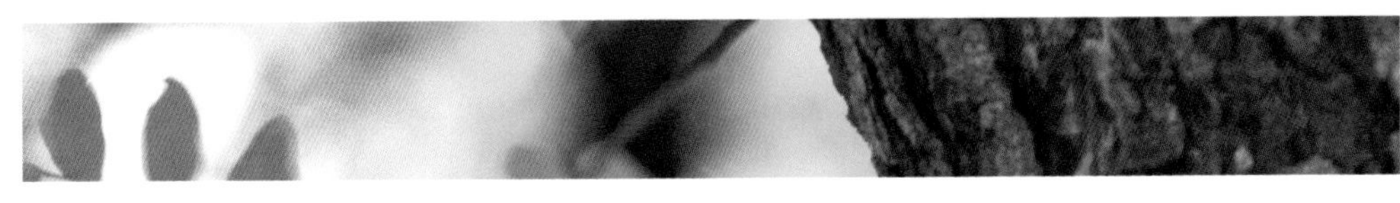

大斑啄木鸟　摄影 / 王放

大杜鹃

Eurasian Cuckoo

Cuculus canorus

中等体型 (32 厘米) 的杜鹃。上体灰色，尾色深灰而具有横纹，无宽次端斑，羽稍白；腹部近白而具黑色细横斑。" 棕红色 " 变异型雌鸟为棕色，背部具黑色横斑。虹膜黄色。幼鸟枕部有白色块斑。鸣声为标准的“布谷”声，音质悠远空灵。燕园中还有其近亲四声杜鹃（Indian Cuckoo *Cuculus micropterus*），外形类似，但虹膜为棕色，尾羽具有宽的黑色次端斑，胸腹部黑色横斑纹较粗。鸣声似“光棍好苦”，音质嘹亮，常彻夜不歇。

分布范围遍及欧亚大陆温带地区，秋冬季节南迁，东亚种群至东南亚和印度次大陆越冬。喜开阔有树木的生境，常在大面积芦苇丛附近活动，在青藏高原也能活动于缺乏树木的地方。产卵在大苇莺、棕头鸦雀、白鹡鸰甚至伯劳的巢中。杜鹃幼鸟先于寄主子女孵出，一出世即奋力将巢内其他一切物体推出巢外。体型较小的养父母将为养大这个“谋杀亲子”的养子而筋疲力尽。杜鹃成鸟捕食多种体型巨大而有毒的毛虫，这在鸟类中是少见的。在北京，大杜鹃每年五月初迁来，这时也是苇塘中草长莺飞的时节。苇塘柳堤间处处可闻杜鹃啼唱。初夏季节，布谷之声回荡海淀，恰似催农人耙田栽秧。但随着时代的变迁，这种景象也越来越少了。在燕园中，历史上在朗润园、鸣鹤园等凡有大片荷塘、苇塘的地方都能发现大杜鹃。但现在更常见的则是活动于林地中，将卵产在灰喜鹊巢中的四声杜鹃了。

大杜鹃　摄影 / 王放

大山雀

Great Tit
Parus major

体大 (14 厘米) 而色彩淡雅的山雀。头及喉辉黑，与脸侧白斑及颈背块斑形成对比；翼上具一道醒目的白色条纹，一道黑色带沿胸中央而下。雄鸟胸带较宽，幼鸟胸带减为胸兜。最常见的鸣声常被描述为“吱吱嘿儿——”，另有其他各种吵嚷的哨音。

大山雀分布很广，从古北界至印度、东南亚和日本。在广泛的分布地域内分为多个亚种，有些亚种背为绿色而腹部为黄色，有鸟类学家将这些亚种作为独立的物种看待。大山雀适应各种林地，从高寒地带的落叶林或者针叶林至热带地区的山地森林、红树林乃至城市林荫道中，都可以见到它们的身影。大山雀一般成对或者结小群活动，性情活跃，有时下至地面活动。捕食各种昆虫。在北京，大山雀不如沼泽山雀常见。在燕园，仅有一到两个家族群活动。偶尔见于未名湖边的开阔林地和北部诸园。

大山雀　摄影 / 张永

戴菊

Goldcrest

Regulus regulus

体型娇小（9厘米）而色彩明快形似柳莺的鸟。是中国北方最小的鸟类。翼上具黑白色图案，以金黄色或橙红色(雄鸟)的顶冠纹并两侧缘以黑色侧冠纹为其特征。上体全橄榄绿至黄绿色；下体偏灰或淡黄白色，两胁黄绿。眼周有浅色的环，这特征与所有柳莺都不同。在越冬期，戴菊仅发出细弱悦耳的“嘶嘶”声，而在繁殖季节，则能发出一系列由短音节组合而成的复杂鸣声。

戴菊分布遍及欧亚大陆北部的针叶林带，在中国横断山区和喜马拉雅山的高海拔针叶林区也有繁殖，偏好冷杉林、云杉林，也见于落叶松林中。秋冬季节，大部分个体向南或者向低海拔地区迁徙。也有少量个体会留在高寒针叶林中越冬。据研究，戴菊在寒冷的冬夜能够降低体温进入类似于冬眠的状态，并具有其他一系列生理上的保暖措施使其能抵御超过零下二十度的严寒。戴菊是最为耐寒的小型鸟类之一。戴菊主要捕食昆虫及它们的卵，冬季尤其依赖越冬的蛹和卵，每天进食量有时需要达到体重的二分之一。在北京，戴菊是冬候鸟。10月中下旬以后，北京各大公园绿地均有可能见到，尤其在北京植物园、百望山、圆明园、元大都土城遗址等处，历年均有稳定记录。它们多在冬季不落叶的树木上活动，如圆柏、侧柏和白芊等。在燕园，戴菊是在严冬中可以给人眼前一亮的靓丽小鸟。在燕南园、未名湖南岸林地中的柏树上，都可能通过叫声发现它们，但的确只有通过细致寻找，才能一睹其容颜。

戴菊　摄影 / 韩冬

戴胜

Upupa epopss

Oriental Hoopoe

不会被错认的中等体型 (30 厘米)，黑、白和粉棕色三色相间的色彩鲜明的鸟类。具长而端部黑的耸立型粉棕色丝状羽冠。头及全身大部为粉棕色，两翼及尾具粗重的黑白相间条纹。嘴长且下弯。春季求偶时，雄鸟常蹲立在树干高处，发出浑厚低沉的“呼呼呼——”三音节叫声，平时叫声很少。遇有警情或者与同伴交互时，头顶冠羽竖起打开呈扇形。

分布遍及非洲和欧亚大陆。非洲的群体有时被视为独立物种。性喜开阔生境，一般在土壤深厚潮湿的地点觅食，用长而弯的喙在土层中探寻翻找昆虫幼虫或者蛹，以及蚯蚓、蜗牛等无脊椎动物。它们在各种洞穴中营巢，有时也自己在松软的土壁上开凿巢洞。在中国，戴胜分布范围很广，几乎遍及全国，常见于乡村地区，在一些城市公园绿地也可见到。在分布区内多为留鸟，北方群体有迁徙越冬习性。在北京，戴胜多见于面积较大的绿地，常在草坪上觅食。燕园中，戴胜数量很少，仅有一到两个家族群，春、夏、秋三季均可在西门附近以及朗润园、鸣鹤园、镜春园和未名湖南岸林地（如蔡元培像附近）见到。在降雪稀少的暖冬，如果地面没有积雪，燕园内也可见到戴胜活动。草坪杀虫剂的使用让城市戴胜时常处于中毒的危险之中。

戴胜　摄影 / 韩冬

东方大苇莺

Oriental Reed Warbler

Acrocephalus orientalis

体型略大(19厘米)的褐色苇莺。具显著的皮黄色眉纹。下体色重且胸具深色纵纹。上嘴褐色，下嘴偏粉，脚为灰色。体形修长匀称。通常发出粗涩的“喳”声单音，繁殖季节发出异常转折嘈杂的鸣叫，因此被俗称为“苇炸子”。

繁殖于东亚，夏季生活于低地芦苇丛、沼泽和稻田；冬季南迁至热带地区，见于低山次生灌丛。捕食昆虫，在芦苇茎上筑巢。是大杜鹃重要的巢寄生对象。在北京，大苇莺是常见夏候鸟。历史上苇塘、稻田曾广布于北京城、郊区，东方大苇莺也因此曾经广布于北京平原地区各处。随着环境的变迁，东方大苇莺也随着苇塘、稻田的急剧减少而数量急剧下降了。在燕园，东方大苇莺曾经是鸣鹤园、镜春园和朗润园荷塘、苇丛中的常见繁殖鸟，每年均有多个繁殖对。随着水面的减少和植物群落的更替，东方大苇莺已经成为燕园的偶见种，近年仅在2009年有繁殖记录。但在每年五月中旬和九月苇莺迁徙过境的季节，在原有池沼周围的林地中，还能比较容易地发现在迁徙过程中做短暂停留的东方大苇莺。

东方大苇莺　摄影 / 韩冬

凤头蜂鹰

Oriental Honey Buzzard

Pernis ptilorhynchus

体型略大 (58 厘米)，翅宽而尾长，颈长而头小的鹰。有浅色、中间色及深色型，形似凶猛的雕，但性情要温和很多。上体由白至赤褐至深褐色，下体满布点斑及横纹，尾具不规则横纹。所有型均具对比性浅色喉块，缘以浓密的黑色纵纹，并常具黑色中线。飞行舒缓，常做优美的盘旋和翱翔。鸣声为四音节或者两音节的高调哨音。

繁殖区从中国东北直至日本，南方山区也有繁殖群体，但可能属于另一亚种。秋冬南迁至云南和东南亚越冬。凤头蜂鹰偏好山区阔叶林，捕食小动物，特别嗜好袭击蜜蜂和黄蜂的巢，这也是它们得名的原因。在迁徙中，凤头蜂鹰结成大群，蔚为壮观。在北京，每年四月底至五月中及九月上中旬可以观察到成群迁徙过境的蜂鹰，尤以靠近西山的海淀为多。在燕园上空，每年迁徙季节均有蜂鹰过境，曾观察到过数量上百的鹰群；五月中，偶尔也有一些个体，受燕园繁茂的林木吸引，在人迹较少的镜春园等地做短暂的停留。北京大学生命科学学院 01 级本科生韩冬，最早在 2003 年开始在西郊百望山记录蜂鹰过境数量，这一活动非常著名，现在已经成为一项观鸟者群体中的传统活动。

凤头蜂鹰（成年雌鸟） 摄影 / 韩冬

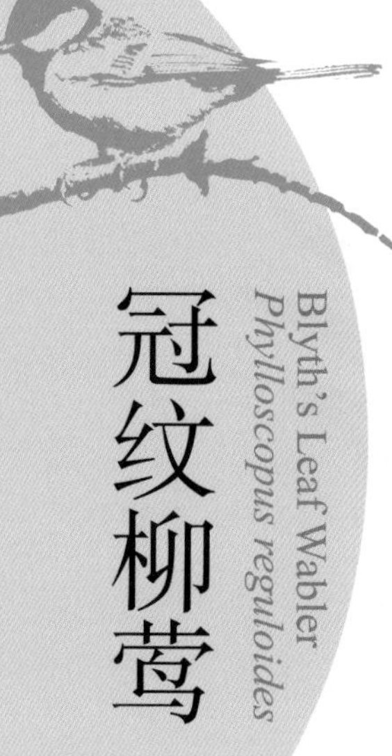

冠纹柳莺

Blyth's Leaf Wabler

Phylloscopus reguloides

体型中等的绿色鹟科柳莺属鸣禽，体形匀称，比黄腰柳莺稍大。眉纹显著，黄白色；头顶浅色顶冠纹，沿后脑至嘴方向逐渐模糊；上喙色深，下喙全为肉黄色。脚色浅。飞羽、尾羽黑褐色，羽缘橄榄绿色。翅膀上有两道明显的翼斑。多单独或者结小群活动。白天常见在阔叶树上觅食。

繁殖在中国东部至西南横断山区各类阔叶林中。近年分类观点倾向于将此鸟划分为三种。一为冠纹柳莺，在中国中部至华北的山地阔叶森林繁殖，冬季南迁至华南或者云南、东南亚越冬；一为华南冠纹柳莺，在中国福建江西一线以南的东南地区山地阔叶森林繁殖；一为西南冠纹柳莺，在横断山区至云南的山地阔叶森林繁殖，冬季做垂直迁徙或者做较近距离的南迁。冠纹柳莺喜沿树干活动。在华北地区，冠纹柳莺每年春季出现时间较晚，最早要到四月底、五月初才能在北京记录到过境鸟群，也多见活动于成熟的栾树、榆树等阔叶树种上。最近笔者在远至漠河的地方都记录到过冠纹柳莺，可见冠纹柳莺往北的分布范围已经超过了早先的知识。在燕园中，只有在有大量成熟阔叶林且近水的地方，如鸣鹤园和镜春园，才容易观察到这种鸟。

冠纹柳莺　摄影 / 张永

黑眉苇莺

Black-Bowed Reed Warbler

Acrocephalus bistrigiceps

中等体型 (13 厘米) 的褐色苇莺。眼纹皮黄白色，其上下具清楚的黑色条纹，下体偏白；上嘴色深，下嘴色浅；脚为粉色。通常做如撞击声的单声“啧”声，音质较为沙哑。啭鸣甜美多变，不如东方大苇莺等嘈杂。

繁殖于东北亚的芦苇地和近水的高草地，冬季南迁。在北京，黑眉苇莺在四月底迁来，常见于有茂密的芦苇等挺水植物生长的池塘及附近的草地。过境记录可持续到六月初。秋季迁徙记录见于九月至十月。在燕园，黑眉苇莺最常见于鸣鹤园荷塘和镜春园池塘。它们特异性地选择挺水植物丰富的水域栖息，对湿地环境的改变非常敏感。

黑眉苇莺　摄影 / 张永

黑水鸡

Common Moorhen *Gallinula chloropus*

中等体型 (31 厘米) 的黑白色水鸡。成鸟额甲亮红，嘴短，基部红色而尖黄。体羽全青黑色，仅两胁有白色细纹而成的线条，尾下有两块白斑，尾上翘时白斑显露。幼鸟青灰色而下体污白，嘴棕灰色。叫声为粗响的“嘎嘎”声，也会发出延长上扬的“咯”声。

除澳大利亚和大洋洲外，分布几乎遍及世界。北方鸟冬季南迁越冬。生活在挺水植物茂密的河道、池塘和湖沼中，也适应水稻田。能游泳，能上树，少干扰时也走到近水的草地上活动，但更偏好在水生植物间走动觅食。吃植物嫩芽、种子和小动物。在北京，近郊适宜生境以及圆明园、奥体公园水域都有大量黑水鸡生存。在燕园中，黑水鸡是夏候鸟。每年四月芦苇初长时迁来鸣鹤园荷塘和镜春园荷塘中，十月荷叶、芦苇枯萎后迁走。2006 年至 2009 年，均观察到黑水鸡在镜春园荷塘中成功繁殖。近年未名湖水系缺水日益严重，下游荷塘的干涸严重地影响了这种鸟的生存和繁衍。

黑水鸡　摄影 / 王放

黑尾蜡嘴雀

Yellow-Billed Grosbeak

Eophona migratoria

体型略大 (17 厘米) 而敦实的雀鸟。黄色的嘴硕大而端黑。雄鸟头全辉黑，体灰而沾棕色调，两翼近黑。初级飞羽、三级飞羽及初级覆羽羽端白色，臀黄褐。雌鸟似雄鸟但头部黑色少。幼鸟似雌鸟但褐色较重。联络叫声为响亮沙哑的单音，鸣声为婉转悦耳的一连串哨音和颤音。

繁殖于东北林区和华中山地森林，冬季南迁或下至低海拔。喜开阔林地，不见于密林。繁殖季节外常结群活动，常下至地面觅食。用强壮的喙嗑开植物子实为食。在北京，多为冬候鸟，常见于市区各大公园绿地。在燕园，黑尾蜡嘴雀历史上为冬候鸟，一般十月底迁来，四月迁走。它们在越

黑尾蜡嘴雀（雄） 摄影 / 王放

冬期间取食圆柏、油松、白皮松、栓皮栎、槭树、白蜡、槐树等多种树木的果实。群鸟觅食时，因嗑开果壳，会发出清晰可闻的噼剥声。从 2006 年开始，发现有少量黑尾蜡嘴雀夏季在未名湖南岸混交林中繁殖，至今已形成一个终年居留的小群体。现在一年四季均可在园中观察到这种鸟。

黑尾蜡嘴雀（雌） 摄影 / 王放

黑枕黄鹂

Black-naped Oriole

Oriolus chinensis

中等体型 (26 厘米) 的黄色及黑色鹂。过眼纹及颈背黑色，飞羽多为黑色。雄鸟体羽余部艳黄色。雌鸟色较暗淡，背橄榄黄色沾绿色调。亚成鸟背部橄榄色，下体近白而具黑色纵纹。成鸟嘴粉红色，幼鸟嘴带棕黑色。鸣声为流水般婉转悦耳富于变化的笛音，尾音上扬结束；另有沙哑嘈声或似猫叫的“咪”声。

分布于南亚至东亚和东南亚。北方鸟南迁越冬。在北京，黄鹂曾经是常见的夏候鸟。每年五月迁来，九月迁走。黄鹂喜近水的阔叶树丛，常在槐树、柳树和高大的杨树上活动，取食大型昆虫以及果实。在燕园，每年均可在镜春园和朗润园的树林中发现多只黄鹂，尤其是镜春园水域周围。最多可同时听见四只雄鸟在这一带鸣叫。在初夏季节，如果起得足够早，也能在校园南部，如燕南园和宿舍区二十八楼附近发现黄鹂。近年校园内的施工对黄鹂影响较大，希望工程结束后这种鸟的数量能够恢复。

黑枕黄鹂　摄影 / 张永

红隼

Common Kestrel

Falco tinnunculus

体小 (33 厘米) 的赤褐色隼。体型纤长，尾长，翅形与其他隼一样狭长而尖。成年雄鸟头顶及颈背灰色，尾蓝灰无横斑，仅尾羽端部有显著的黑色次端宽斑，当年和一些第二年的雄鸟尾羽上也有较不显著的细横纹。上体赤褐略具黑色横斑，下体皮黄而具黑色纵纹。雌鸟体型比雄鸟略大，上体全褐，而多粗横斑。亚成鸟似雌鸟，但纵纹较重。叫声为一连串粗哑刺耳的“咔咔咔咔”声。飞行技术高超，姿态优雅，能做悬停，常在悬停中迅速俯冲至地面捕获猎物。

分布范围遍及欧亚非大陆，在分布区内多为留鸟，在分布区的北部也有部分种群南迁越冬。在中国遍布除极端干旱的沙漠外的各地，为常见的留鸟或者季候鸟。多见于开阔原野，喜停落在电线杆等突出物上或者在空地上方做较长时间的翱翔。在北京，红隼也常见于市区。在高楼间不经意中时常可见到它们一掠而过的身影。在野外，红隼捕食啮齿类动物，小鸟或者大型昆虫，如蝗虫和蜻蜓。在城市中，它们更多地捕食麻雀，甚至还有些特别强壮的个体能够袭击鸽子。在野外，红隼在悬崖石缝中筑巢，有时也侵占喜鹊等鸟类的旧巢，这应该就是“鹊巢鸠占”这一说法的来源。在城市中，它们经常利用建筑物上的突出部分筑巢。在燕园中，时常可见红隼在空中翱翔或者飞过，尤其在青空碧透的秋冬季节。幸运的话，也能碰上它们捕食的场面。燕园东边的中关园和燕园西边的海淀体育场一带，近年都发现有红隼稳定地巢居繁殖。红隼一旦配对，就会维持比较稳定的配偶关系。在繁殖年份，夫妇一般孵化四个卵。雏鸟孵化初期，雌鸟会终日呆在巢中，食物完全由雄鸟提供；在幼鸟出飞前，雌鸟才会离开巢，与丈夫共同捕猎。在野外，经常只有两只幼鸟能够长大。但在城市中，一巢有三只或者四只幼鸟都出窝的情况并不少见，可见红隼是一种很适应城市环境的鸟类。红隼是燕园中生态系统的顶级消费者，是白天天空的主宰。

每年都有红隼在北大周围的楼房上繁殖，这是四只两周大的幼鸟　摄影 / 王放

红尾伯劳

Brown Shrike

Lanius cristatu

中等体型 (20 厘米) 的淡褐色伯劳。成鸟喉白，前额灰，眉纹白，有宽宽的黑色眼罩，头顶及上体褐色，下体皮黄。亚种 superciliosus 上体多灰色，具灰色顶冠；亚种 lucionensis 和 confusus 的额偏白。后两个亚种均可能见于北京。亚成鸟似成鸟，但背及体侧具深褐色细小的鳞状斑纹。冬季和迁徙季节通常无声，繁殖季节发出尖利鸣叫并能效鸣。

繁殖于东亚，冬季南迁至印度、东南亚和马来群岛越冬。喜开阔林地、灌丛和农田周围绿化带或者人工园林。常从独立的栖处飞起俯冲猛扑地面的大型昆虫或者其他小动物，包括老鼠、蜥蜴和小鸟。也能捕食飞行中昆虫。在北京，红尾伯劳是常见过境鸟，也有一些繁殖个体。在燕园，每年五月中下旬均可记录到过境停留的红尾伯劳。它们喜在鸣鹤园荷塘、朗润园以及未名湖北岸一带的绿地中活动。

红尾伯劳　摄影 / 张永

红肋蓝尾鸲

Orange-flanked Bush Robin

Tarsiger cyanurus

体型略小 (15 厘米) 而喉白的鸲。特征为橘黄色两肋，与白色腹部及臀成对比。雄鸟上体蓝色，眉纹白；亚成鸟及雌鸟褐色，尾蓝。通常听到的叫声为单音的啾声，少啭鸣。

繁殖于亚洲东北部，迁徙至华南越冬。栖息于湿润山地森林林下及灌丛中。在北京，尤其在春季，是各类园林林地中常见的迁徙过境鸟。在燕园，每年早春均有不少红胁蓝尾鸲与北红尾鸲几乎同时出现。但它们更偏好未名湖南岸的茂密林地以及北部诸园较少人工干扰的地段。每年记录到个体中，成年雄鸟甚少。在暖冬年份，在鸣鹤园或者镜春园等有水的地方，可以观察到个别越冬个体。

红胁蓝尾鸲（雄） 摄影 / 刘弘毅

红胁蓝尾鸲 雌鸟 摄影 / 韩冬

红嘴蓝鹊

Red-Billed Blue Magpie

Urocissa erythrorhyncha

体长达近 70 厘米，且具长尾的亮丽鸦科鸟类。头至上胸黑色而顶冠白，嘴和脚呈猩红色，腹部及臀白色，尾楔形，外侧尾羽黑色而端白，中央尾羽延长而为蓝色，其端部下弯，为白色。常单独或成对活动，繁殖季节结束后常见有家族群，冬季偶尔也集成较大群体。红嘴蓝鹊叫声尖利独特，也会发出极其婉转悦耳的鸣声，还善于模仿其他鸟的叫声。飞行姿态极其飘逸多彩。

红嘴蓝鹊广布于喜马拉雅山至中国东部以及东南亚北部局部地区，栖息在山地或者近山的森林和灌丛中。也能生活在较大的城市绿地内。在其分布区内，多为留鸟，或仅作范围较小的垂直迁徙。在北京，红嘴蓝鹊常见于山区各类有林生境，尤其是有水源的地方，也见于近山的农田绿化网络。在北京城区，景山、天坛、地坛、颐和园和圆明园等大型园林中均有红嘴蓝鹊生存。它们也见于燕园、清华和林大等大学校园中。红嘴蓝鹊在燕园活动范围很广，基本贯穿整个校园的有林地带，最南能游荡到学一食堂一带。但它们活动的核心地带是未名湖周围至北部诸园一带的林地。红嘴蓝鹊性情凶猛机智，能捕食小鸟、老鼠甚至蛇。它们也采食各种果子等植物性食物，有机会的话也会从厨房垃圾和流浪猫喂食点获取食物，甚至取食动物尸体。燕园内只有一个红嘴蓝鹊家族群稳定栖息，每年均有一或两只小鸟在这个家族中长大。

红嘴蓝鹊　摄影 / 张永

黄腹山雀

Yellow-Bellied Tit
Parus venustulus

体小 (10 厘米) 而尾短的山雀。下体黄色，翼上具两排白色点斑，嘴甚短。雄鸟头及胸兜黑色，颊斑及颈后点斑白色，上体蓝灰，腰银白。雌鸟头部灰色较重，喉白，与颊斑之间有灰色的下颊纹，眉略具浅色点。幼鸟似雌鸟但色暗，上体多橄榄色。联络叫声为轻柔但高调的嘶嘶声，鸣声为重复的双音。

分布于中国东部季风区，北至北京。地区性常见于华中至华南。在阔叶林或针阔混交林生活，夏季通常繁殖于山地森林，在地面啄洞为巢或者利用鼠类的旧巢。捕食昆虫，也啄食各种干果。繁殖季节外结群活动，有时可结成数百只的大群。北方鸟冬季南迁。是中国东部的特有种。在北京，黄腹山雀是小龙门林场等地林区中最常见的夏候鸟之一。春秋过境季节大群鸟见于城乡各种林地中。在植物园等地，有少量个体越冬。在燕园，每年四月至五月，以及十月均可记录到成群的黄腹山雀。它们喜爱在混交林树冠层结群移动，尤其喜爱在发生病虫害的老树上觅食，春季还喜爱在榆树上啄食榆钱。

黄腹山雀　摄影 / 韩冬

黄喉鹀

Yellow-throated Bunting

Emberiza elegans

中等体型 (15 厘米) 的雀鸟。腹白，头部图纹为清楚的黑色及黄色，具短羽冠。雌鸟似雄鸟，但色暗，褐色取代黑色，皮黄色取代黄色。叫声为单调的啾啾声，雄鸟在繁殖季节会发出流水般的婉转鸣叫。

间断性地分布于中国东北和邻近的朝鲜半岛、西伯利亚东南部，以及华中及华南。北方群体南迁至南方越冬。栖息在丘陵山地的落叶阔叶林或者混交林中，越冬期间可能出现在城市绿地中郁闭度较好或有茂密灌丛的林地。在北京，黄喉鹀是东灵山等地阔叶林中不罕见的夏候鸟，冬季也见于山区平原交汇地带的林地，需要一定的灌丛作为隐蔽场所。在燕园，每年四五月期间都有黄喉鹀过境，见于鸣鹤园至朗润园的林地中，也偶见于未名湖南岸林地。雌雄鸟经常成对出现。秋季偶尔也能记录到黄喉鹀。与栗鹀相比，黄喉鹀花更多的时间在林下灌丛活动，经常下到地面觅食。

黄喉鹀（雄） 摄影 / 韩冬

黄喉鹀（雌） 摄影 / 韩冬

黄苇鳽

Yellow Bittern

Ixobrychus sinensis

体小(32厘米)的皮黄色及黑色苇鳽。成鸟顶冠黑色，上体淡黄褐色，下体皮黄，黑色的飞羽与皮黄色的覆羽成强烈对比。亚成鸟似成鸟，但褐色较浓，全身满布纵纹，两翼及尾黑色。通常无声，飞行时会发出断续的“噶噶”叫声。

分布于印度、东亚、东南亚至苏门答腊。北方鸟冬季南迁至热带越冬。是中国华北地区最普遍的一种苇鳽。喜生长有高大挺水植物丛的河道池沼，也喜水稻田和藕田。常静静立于水生植物上，当有鱼接近时即迅猛出击，用尖利的喙将鱼刺穿捕获。在燕园，黄苇鳽曾是勺海、鸣鹤园、镜春园和朗润园荷塘中常见的夏候鸟，并有稳定的繁殖记录。自2005年后，随着整个海淀区景观用水的日益短缺，这种鸟在燕园中也越来越少见，现在仅有零星的春秋过境记录。

黄苇鳽　摄影/王放

黄腰柳莺

Pallas's Leaf Warbler Phylloscopus proregulus

体型娇小的绿色鹟科柳莺属鸣禽，体长仅有十余厘米，体型圆短。眉纹显著，前段柠檬黄，往后逐渐变为白色；头顶有显著的浅色顶冠纹；上喙色深，下喙基部肉色。飞羽、尾羽黑褐色，羽缘橄榄绿色；内侧飞羽外缘色浅。翅膀上有两道明显的黄白色翼斑，腰柠檬黄色。繁殖季节外喜集小群，活泼好动，白天常见在针阔叶树枝叶茂盛处觅食。除柳莺类共有的单声轻吟外，还有丰富婉转的啭鸣。

繁殖于东北及以北的各类林地，在华北山地（如东灵山）海拔较高的森林中夏季亦可见。迁徙季节在中国东部和南方是最常见的柳莺。生性耐寒，在华北以南越冬，暖冬年份最北至北京也可见到少量越冬个体，也是每年春天最早出现在北方的柳莺。主要捕食昆虫，也吃花粉、花蜜。

黄腰柳莺是每年春天最早出现在燕园的成批南来候鸟之一。最早在两月底三月初，尚未有阔叶树发芽的时候即可见到。黄腰柳莺能适应各种林相，在燕园各处均有出现，但集中分布在校园北部林木成片的区域。黄腰柳莺春季过境持续时间很长，最晚到六月初仍可见到。

黄腰柳莺　摄影 / 张永

灰鹡鸰

Grey Wagtail

Motacilla cinerea

中等体型 (19 厘米) 而尾长的偏灰色鹡鸰。头至背部为灰色，腰黄绿色，下体黄。飞行时白色翼斑和黄色的腰显现。成鸟下体黄，亚成鸟偏白。在繁殖季节，成鸟的颏转为黑色。通常叫声为干涩的单音，繁殖季也发出啭鸣。

繁殖于欧洲至西伯利亚直至阿拉斯加，冬季南迁至亚热带和温带地区。在中国，一些高海拔山地溪流附近和草甸上也有繁殖个体。灰鹡鸰偏爱在溪流附近活动，在地面迅速走动追捕昆虫。在北京，每年四月至五月在很多近水的地方都能观察到迁徙过境的灰鹡鸰。在山区海拔较高的溪流附近，夏季也能发现繁殖个体。在燕园，春秋两季都可见到灰鹡鸰，春季数量更大。它们常活动于未名湖以北有树木荫蔽的水道和池塘周围，通常是单独活动，偶尔可以见到三五只在相距很近的一个小范围内活动，但彼此一旦靠得太近，就有冲突发生。

灰鹡鸰（繁殖羽） 摄影 / 王放

灰椋鸟

White-cheeked starling

Spodiopsar cineraceus

中等体形 (24 厘米) 的棕灰色椋鸟。头黑，头侧具白色纵纹，臀、外侧尾羽羽端及次级飞羽狭窄横纹白色。雌鸟色浅而暗。嘴橘黄色而端黑，脚暗黄色。叫声单调嘈杂，带有金属质感。

繁殖于西伯利亚至中国北方以及日本，冬季南迁，最远可达东南亚及菲律宾。喜活动于有树木的开阔旷野，取食于农田，矮草地甚至水滨滩涂，也光顾果树和浆果灌木觅食。筑巢于树洞中。繁殖季节外结成小至大群活动。在北京，灰椋鸟常见于城乡各类开阔有树木的绿地，农田或者旷野。也是常见的市区繁殖鸟。在燕园，终年可见灰椋鸟。在燕南园，南门附近和图书馆周围的大树上有很多灰椋鸟筑巢。在校园的各片草坪上，也常见有三五成群的灰椋鸟走动觅食。近年以来，在丝光椋鸟逐渐增长的同时，冬季记录到的灰椋鸟有减少的趋势。

灰椋鸟　摄影 / 王放

灰头绿啄木鸟

Grey-headed woodpeckerl

Picus canus

中等体型 (27 厘米) 的绿色啄木鸟。头部橄榄绿色，下体全灰，颊及喉亦灰。雄鸟前顶冠猩红，眼先及狭窄颊纹黑色。枕及尾黑色。雌鸟顶冠灰色而无红斑。嘴相对短而钝。单声叫带鼻音，能发出尖利而带有鼻音的连续鸣叫，并配合錾木声。

广布于欧亚大陆至印度、中国、东南亚至苏门答腊。见于各类林地，包括城市园林绿地，但通常罕见。虽然也沿树木枝干移动觅食，但更多地下到地面啄食蚂蚁，这使得其容易受到地面天敌的攻击。在北京，灰头绿啄木鸟是通常能见到的体型最大的啄木鸟，见于各大园林绿地及郊区林地。在燕园，有灰头绿啄木鸟稳定地栖息。曾经在南门附近至燕南园一带常见有一对活动，但现在已经消失多年。现在仅在鸣鹤园至镜春园一线还能稳定地发现这种鸟。

灰头绿啄木鸟　摄影 / 王放

灰喜鹊

Azure-Winged Magpie

Cyanopica cyana

体小 (35 厘米) 而细长的灰色鸦科鸟类。顶冠、耳羽及后枕黑色，两翼天蓝色，尾长并呈蓝色，腹部灰白色。成群活动，即使在繁殖季节，也有超过两只的成年鸟围着一巢雏鸟进行哺育工作。叫声为粗哑拖长一系列音节，警戒声高而凄厉，会引起同一区域内其他各种鸟类的避敌反应。

灰喜鹊广布于远东地区、中国东部和日本，有一片段分布于欧洲西南部的伊比利亚半岛。新近被引种至云贵高原。在分布区内，它们多为留鸟，活动局限于树木繁茂的林地，但能飞越建筑物和农田，可在斑块化的生境中生活。在北京，灰喜鹊常见于城市绿地和低山林区，是最常见的鸟类之一。在燕园中，灰喜鹊见于各片面积较大的林地，也会成群沿着行道树移动。另外有多群灰喜鹊，或者在白天从燕园外飞入园中觅食，或者在傍晚从燕园外飞入燕园夜宿。灰喜鹊一年中的大部分时期主要取食植物性食物，如榆钱、槐豆、桑葚儿、构树果、圆柏果实、树木新芽等，在育雏期间也捕食大量动物性食物，甚至也吃麻雀等体型较小的鸟类。与喜鹊相比，灰喜鹊主要在树冠觅食，偶尔下到地面，也是为了觅食从树上掉下的食物。这一点在冬季较为明显，这时很多灰喜鹊会集群在未名湖南岸树林的地面落叶层中翻找各种秋季落下的种子和果实。与喜鹊、红嘴蓝鹊一样，灰喜鹊也会在落叶、石块下埋藏食物，当然也善于偷取其他鸟藏下的食物。灰喜鹊数量多，移动范围大，是很多植物重要的种子传播者。

灰喜鹊有时下至地面活动　摄影 / 王放

灰喜鹊经常在树冠觅食，主要吃各种果实、种子和嫩芽　摄影 / 王放

家燕

Barn Swallow

Hirundo rustica

中等体型 (20 厘米，包括尾羽延长部) 的辉蓝色及白色的燕。上体钢蓝色；胸偏红而具一道蓝色胸带，腹白；尾甚长，近端处具白色点斑。飞行中常发出单音啾声，在停歇处群鸟发出热闹的嘁嘁喳喳声。

分布几乎遍及全世界。在北半球繁殖，南迁至热带地区越冬。飞行矫健优雅，既能在高空盘旋滑翔，也能在近地面或水面处快速翻飞捕食昆虫。喜结群活动于开阔地，在迁徙中和越冬地结成规模甚大的群体，多至成千上万。停歇于枯木、高草丛、电线或建筑物房檐下。在北京，家燕是常见的夏候鸟和过境鸟，最早在三月份即迁来，九月至十月迁走。在传统砖木建筑房檐下衔泥筑巢。常见于有绿地或农田的城乡地区，但数量已大不如前。在燕园，除夏季繁殖的少数几个家族外，每年初秋均有大群家燕集中于西门和东门附近，白天在水域和林地上空觅食，晚间在电线上成排休息。

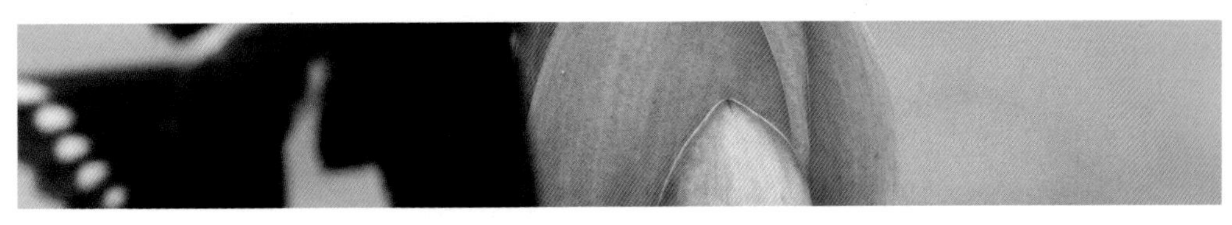

家燕　摄影 / 王放

鹪鹩

Wren

Troglodytes troglodytes

体型小巧 (10 厘米) 的褐色而具横纹及点斑的微小雀鸟。尾短而上翘，嘴细。深黄褐的体羽具狭窄黑色横斑及模糊的皮黄色眉纹为其特征。通常发出单音节啾声，告警时发出重复生硬的“嚏嚏”声，繁殖季节有强劲持久的悦耳鸣唱，富有颤音和高音变化。

广布于全北界南部至喜马拉雅山沿线及非洲西北部。虽然翅膀短，且平日仅作短距离的飞行，但有部分鸟在冬季南迁或做较大距离的垂直移动。生活在山区多岩的林下灌丛中或林线附近。尾不停地轻弹上翘，在无声移动的过程中会忽然跳至突出处观察附近的人并发出叫声。冬季常见于水边多岩处，夜间在避风岩缝中过夜。在北京，山区高海拔林地多有鹪鹩繁殖。冬季，此鸟见于植物园、百望山等近平原低山沟谷，以及拒马河、潮白河等河谷中。在燕园，每年冬天均可在鸣鹤园、镜春园、朗润园甚至未名湖附近的灌丛和堆石驳岸间见到这种行踪隐秘的鸟。笔者还曾在理科楼群的院落中发现过一次鹪鹩，想必是不幸的迷路个体。

鹪鹩　摄影 / 韩冬

金腰燕

Red-rumped Swallow

Hirundo daurica

体大的燕，外形轮廓似家燕而显得更粗壮。浅栗色的腰与深钢蓝色的上体成对比，下体白而多具黑色细纹，尾长而叉深。飞行中发出双音节叫声，比家燕叫声圆润。

繁殖于欧亚大陆及印度部分地区，南迁至热带地区越冬。习性似家燕。巢形与家燕不同。家燕的巢为杯状，巢口敞开；而金腰燕的巢为壶状，仅开一小口。在北京，金腰燕也是常见的夏候鸟和过境鸟，但迁来比家燕稍晚。在燕园，近年尚未有金腰燕繁殖记录，但每年八月至九月，均有很多金腰燕飞来园中觅食，尤以三角地和图书馆周围多见。

金腰燕　摄影 / 王放

蓝歌鸲

Siberian Blue Robin

Luscinia cyane

中等体型(14 厘米)，体态匀称而脚长的小鸟。雄鸟上体青石蓝色，宽宽的黑色过眼纹延至颈侧和胸侧，下体白。雌鸟上体橄榄褐，喉及胸褐色并具皮黄色鳞状斑纹，腰及尾上覆羽沾蓝。亚成鸟及部分雌鸟的尾及腰具些许蓝色。通常做轻柔的单音“咔”声，也有响亮的鸣叫。

繁殖于东北亚，南迁至华南远至东南亚等地越冬。栖息于密林中的近地面处或者地面上，具有林栖歌鸲的典型习性。轻盈无声地平稳行走，发现食物后迅速扑击取食。取食蚯蚓、蜗牛、昆虫等无脊椎动物。在燕园中，每年五月上中旬可以在燕南园、鸣鹤园、镜春园等有茂密林木灌丛的地方发现蓝歌鸲；但由于流浪猫的密集活动，现在在燕南园已经很难发现这种鸟了。

蓝歌鸲（成年雄鸟）
摄影 / 张永

栗鹀

Chestnut Bunting
Emberiza rutila

体型略小 (15 厘米) 的栗色和黄色的雀鸟。繁殖期雄鸟特点鲜明，头、上体及胸栗色而腹部黄色。非繁殖期雄鸟相似但色较暗，头及胸散洒黄色。雌鸟甚少特色，顶冠、上背、胸及两肋具深色纵纹，较为突出的特征是腰棕色，且无白色翼斑或尾部白色边缘。幼鸟纵纹更为浓密。通常发出轻微的“啧”声单音，繁殖期鸣声多变似黄腰柳莺。

繁殖于西伯利亚泰加林至中国东北部分地区，冬季南迁至华南及东南亚。在越冬地与黄胸鹀一道受到大规模捕杀，这可能是栗鹀在迁徙线路上显得稀少的原因。与其他鹀类似，栗鹀也主食植物种子和嫩芽，同时捕食一些昆虫。在北京，四月底至五月，可以记录到迁徙过境的栗鹀。在燕园，栗鹀定期出现于镜春园，曾经也常见于燕南园。栗鹀过境期间恰好是槭树的盛花期，可观察到栗鹀在槭树上觅食花蜜以及嫩芽。它们也偏爱在近水的地方活动，有时飞至池塘岸边裸露的泥岸上觅食种子。

栗鹀（雄） 摄影 / 韩冬

绿头鸭

Mallard

Anas platyrhynchos

鸭科河鸭属中等体型水鸟。体长58厘米，为家鸭的野型。雄鸟头及颈深绿色带光泽，白色颈环使头与栗色胸隔开。雌鸟褐色斑驳，有深色的贯眼纹。雄鸟发出轻柔沙哑的咳声。雌鸟发出似家鸭的嘎嘎叫声。

分布范围遍及北半球；南方越冬。繁殖于中国西北和东北。越冬于西藏西南及北纬40°以南的华中、华南广大地区，包括台湾。地区性常见鸟。多见于湖泊、池塘及河口。在北京，绿头鸭是所有城市公园水域中的常客，而在沙河水库等郊区水域，更有数量庞大的繁殖群体。只要水面不封冻，这些绿头鸭一般不做远距离迁徙。在燕园中，绿头鸭曾经偶见于鸣鹤园荷花池、朗润园和未名湖南岸文水陂水域。它们每年二三月水面化冻即飞来，至十二月水面彻底封冻才迁走。2005年，第一次有绿头鸭在未名湖周围的树林中筑巢繁殖成功，从此每年均有三至五只不等的雌绿头鸭在燕园中营巢繁殖，抚养后代。在最好的年景，有些雌鸭能孵出多达十二只雏鸭，总共会有超过五十只雏鸭在燕园出生，而其中的百分之七十都可以长大飞走。绿头鸭在燕园的繁荣得益于燕园中发达的水系。这些彼此联通的半天然水系为雏鸭成长提供了充足的食物和躲避天敌的场所。有些格外有经验的母亲，还懂得将子女领到有游人喂食的地方去享用人类的馈赠。相信绿头鸭能一直在燕园中生存下去。

绿头鸭（雄） 摄影 / 王放

绿头鸭 雌鸟和雏鸟 摄影 / 王放

冕柳莺

Eastern Crowned Warbler
Phylloscopus coronatus

体型中等的黄橄榄色柳莺，是在燕园能观察到的体型最大的柳莺。具白色的眉纹和顶纹；上喙色深而下喙全为肉黄色，脚色浅；上体绿橄榄色，飞羽具黄色羽缘，仅一道黄白色翼斑；腹部白色，尾下覆羽黄色，与腹部颜色形成对比；眼先及过眼纹近黑。与冠纹柳莺的区别在仅一道翼斑，嘴较大，而其顶纹及眉纹更显白色。多单独活动，白天常见在阔叶树上觅食。

繁殖在中国吉林到河北以及四川的山地阔叶林中，春秋迁徙季节见于华东至华南。在北京地区，春秋两季在城区面积较大的绿地中的阔叶树上可以发现。冕柳莺春季出现时间也较晚，多在五月初迁来。同样多见于阔叶树种上。它们的鸣声神似“加加唧——”，最后一声上扬，非常容易辨认。在燕园中，只有鸣鹤园和镜春园等有大面积阔叶林的地方，才容易在暮春初夏时节发现这种鸟。另外，在北大生科院近年从事植物学实习的小龙门林场，冕柳莺是夏季最常见的繁殖鸟之一，在山沟中湿润的阔叶林，四处可听见它们的鸣叫。

冕柳莺　摄影 / 朱雷

欧亚鸲

European Robin

Erithacus rubecula

中等体型(14 厘米)，丰满而直挺，为欧洲观鸟者甚熟悉的歌鸲。成鸟脸及胸红色，脸侧及胸侧灰色，下体污白，上体近褐。幼鸟褐色，上体具皮黄色点斑，下体具杂斑及扇贝形斑，胸沾棕褐。冬季较少发出声音，仅发出轻微的单音和金属质感嘶声。但在繁殖季节发出强烈起伏的啭鸣，音调音速极其富于变化。

分布于欧洲温带地区，在中国新疆北部有记录。栖息于次生植被和人工园林。具有林鸲的捕食习性。在北京，仅2007 年 11 月至 2008 年 3 月有记录于北京大学蔚秀园。为自然爱好者陈炜首先发现。这只欧亚鸲生活在一片小区花园中，环境与欧洲原产地的原生环境非常类似。不同的是周围有十余只流浪猫与其朝夕为伴。该鸟一俟发现，旋即在中国观鸟界引起轰动，成为迄今为止北京大学校园中有记录的鸟类中上镜率最高的个体。既沾了爱心人士每日投喂野猫的光，又得益于一些观鸟者不时前来投喂的各种鸟食，这只欧亚鸲熬过了严冬，经历了春节期间中国鞭炮的震撼，最终在早春离去。但愿它还活着，还记得在遥远的北京西北角，有这样一方能为各种动物提供庇护的土地。

欧亚鸲　摄影 / 张永

普通翠鸟

Common Kingfisher

Alcedo atthis

体小 (15 厘米)、具亮蓝色及橙色的长嘴短尾小鸟。上体金属浅蓝绿色，颈侧具白色点斑；下体橙棕色，颏白。幼鸟缺乏金属光泽，具深色胸带。雄鸟嘴全黑，雌鸟下喙橘黄色；脚红色。飞行中常发出拖长的尖叫声。

分布于整个欧亚大陆直至马来诸岛和新几内亚。活动于各种淡水水域，包括湖泊、河流、沟渠、池沼和鱼塘。常常静立于突出的岩石和枝条上等待时机以俯冲入水捕捉小鱼小虾，有时也在空中悬停，发现目标后直接俯冲入水。北方鸟在水域封冻后南迁。在北京，翠鸟见于各类有鱼的水体周

普通翠鸟 成鸟（右）在给幼鸟（左）喂食　摄影 / 王放

围，包括很多城市公园。在燕园，有一个翠鸟家族长期稳定栖息。它们原先主要活动于镜春园、朗润园水域。随着这些水域干涸持续时间增长，它们也逐渐更多地飞往勺海、鸣鹤园和文水陂处觅食。在各大水面封冻的隆冬时节，在有地下水补给而不封冻的西门鱼池入水口处，仍时常可以见到翠鸟，用生命的色彩点缀着冬季单调的背景。

普通翠鸟（幼鸟）
摄影 / 王放

普通楼燕

Common Swift

Apus apus

体大 (21 厘米) 的雨燕。尾略叉开，前额和喉部灰白色，身体其余部分为深褐色。翅膀尖长，飞行十分迅速。四个脚趾均朝前，适宜抓握；腿部肌肉细弱，不能跳跃，所以只能从高处滑翔起飞，一旦落地就不能再飞起来。叫声为一连串尖利的叽声，在群鸟聚成团飞行时尤为喧闹。

夏季遍布欧亚大陆温带地区，多营巢繁殖于城镇建筑物上。在飞行过程中捕食小飞虫。繁殖结束后南下到热带地区越冬。中国的群体南迁至东南亚，远及澳大利亚。在北京，众多土木结构古建筑的房檐栏下为楼燕提供了理想的筑巢场所，而城市中和周边的大片园林、农田和其他绿地、湿地滋生了大量昆虫供其捕食。历史上北京城内的楼燕数量极多。据老一辈动物学家首都师范大学的高武教授介绍，在 70 年代时仅绕故宫一圈就能数到数千只楼燕。随着北京旧城改造，城郊城市化和古建筑房檐下拉网阻止楼燕、蝙蝠等前去营巢，而现代新建的建筑又大多没有可供楼燕栖息的结构，现在的楼燕数量已经大不如前。市中心已经几乎见不到成群楼燕翻飞的景象了。在燕园中，至今仍有一个二百至三百只规模的楼燕种群在延续着。它们每年四月初准时迁来，在办公楼、一体、二体、南北阁、文史楼等老建筑房檐下的旧巢中抚育后代；七月初至七月末，又携子女陆续离去。这个种群，已经是北京市区幸存的最大规模群体了。

普通楼燕　摄影 / 王放

雀鹰

Eurasian Sparrowhawk

Accipiter nisus

中等体型（雄鸟 32 厘米，雌鸟 38 厘米）而翼短尾长的鹰。雄鸟上体褐灰，白色的下体上多具棕色横斑，尾具横带。脸颊棕色为识别特征。雌鸟体型较大，上体褐而下体白，胸、腹部及腿上具灰褐色横斑，无喉中线，脸颊棕色较少。亚成鸟与同属其他鹰类的亚成鸟区别在于胸部具褐色横斑而无纵纹。通常无声，偶有尖利嘶叫。

广布于古北界温带森林，冬季南迁。喜林缘或开阔林地生境。常从树冠荫蔽处伏击小型鸟类。在北京，雀鹰是迁徙季节常见的过境鸟，冬季也是各大公园绿地中时常可见的冬候鸟。在郊区山地森林中也有少量雀鹰繁殖。在燕园，每年冬天均有雀鹰活动。与喜爱在开阔生境觅食的红隼不同，它们经常在林木繁茂或者有建筑物的地带发起伏击。在人迹冷清的寒假中，有时就在二十八楼和三十二楼之间这样对其他猛禽而言十分逼仄狭窄的地方，就能看到雀鹰狩猎。当然，更多的时候是发现它被成群的灰喜鹊、喜鹊驱赶得狼狈逃窜。

雀鹰（雄） 摄影 / 韩冬

日本松雀鹰

Japanese Sparrowhawk

Accipiter gularis

体小 (27 厘米) 的鹰，也是东北亚地区体型最小的猛禽。外形紧凑威猛，翅短圆而尾长。成年雄鸟上体深灰，尾灰并具几条窄的深色带，胸浅棕色，腹部具非常细的羽干纹，无明显的髭纹。雌鸟上体褐色，下体少棕色但具浓密的褐色横斑。亚成鸟胸具纵纹而非横斑，多棕色。成鸟虹膜红色，脚黄绿色；亚成鸟虹膜黄色。叫声较少。

繁殖于古北界东部，栖息于林地，捕食小鸟，秋冬南迁至东南亚和偰他群岛。在北京，每年五月和十月可观察到过境的日本松雀鹰。在燕园中，鸣鹤园、镜春园和朗润园的林地常为春季迁徙中的日本松雀鹰提供小憩的场所。但它们会受到喜鹊和灰喜鹊的骚扰。另一种与日本松雀鹰类似但体型稍大的鹰，雀鹰（Eurasian Sparrowhawk，*Accipiter nisus*，32 ~ 38 厘米）也见于燕园林地，但主要在冬季。雀鹰雌雄鸟分别各似日本松雀鹰雌雄鸟。最显著的区别是体型大小，以及前者面部沾锈红色而后者面部为灰色。

日本松雀鹰（雌）
摄影 / 韩冬

日本松雀鹰（雄） 摄影 / 韩冬

树麻雀

Tree Sparrow

Passer montanus

体型略小 (14 厘米) 的矮圆而活跃的麻雀。顶冠及颈背褐色，两性同色。成鸟上体近褐，下体皮黄灰色，颈背具完整的灰白色领环。脸颊具明显黑色点斑，这一特点使其区别于其他所有麻雀。幼鸟似成鸟，但色较黯淡，嘴基黄色。叫声生硬但富有变化。

广布于欧洲至东亚以及东南亚，但在欧洲至中亚远不如家麻雀常见。在东亚分布区内则具有压倒性优势。生活于各种有人的环境，包括城市、乡镇和农村，甚至牧区。在定居点附近的荒地、农田、园林绿地，甚至建筑物中觅食。结群活动，在建筑物的孔洞或者天然树洞中筑巢繁殖，也营巢于人工巢箱。在北京，是城乡最常见的鸟类之一。终年可见。在燕园，也是各种环境中的优势种。在生长有大量杂草的地方，秋冬季节可以见到很大的集群。是多种猛禽的主要食物来源，是鸟类群落中的重要成分。

树麻雀　摄影 / 王放

树麻雀　摄影 / 王放

丝光椋鸟

Silky-starling

Sturnus sericeus

体型略大 (24 厘米) 的灰色及黑白色椋鸟，两翼及尾辉黑，飞行时初级飞羽的白斑明显，雄鸟头部具近白色丝状羽，上体余部灰色。雌鸟头部为灰色，其余与雄鸟相似。嘴红色，脚橘黄色。有尖利而带金属质感的单声叫，也会发出椋鸟典型的嘈杂鸣声。

广布于中国华南和东南的大部地区，包括海南和台湾。多数为留鸟，冬季有部分鸟飞至东南亚，远及菲律宾群岛。丝光椋鸟有集大群活动的习性，喜爱有农田和大树的开阔生境，也能适应城市园林绿地的生活，食性杂而富有适应性。2003 年，丝光椋鸟首见于燕园，由当时生命科学学院的博士研究生郑爱华记录到，是一个带幼鸟的家族群。这也是北京第一笔为人所知的丝光椋鸟成功繁殖的记录。此后，丝光椋鸟变得日益常见。现在每年冬天，在临湖轩和办公楼附近都有大群丝光椋鸟前来夜宿。春夏季节，燕南园、图书馆附近、未名湖周边等地的高大乔木上也有丝光椋鸟在树洞中筑巢繁殖，抚育后代。秋冬季节则常见于镜春园、朗润园和西门附近。丝光椋鸟已经成为燕园中最常见的繁殖鸟。同期，这种原产于南方的鸟也在越来越多的北方城市定居，与乌鸫和白头鹎一道成为得益于城市化和气候变暖的物种。

丝光椋鸟（雌） 摄影 / 闻丞

乌鸫

Eurasian Black Bird

Turdus merula

体型略大的全深色鸫。雄鸟全黑色，嘴橘黄，眼圈浅黄色，脚黑。雌鸟羽色比雄鸟偏褐色，嘴暗绿黄色至黑色。初出巢的幼鸟上体褐色，下体色浅而密布鱼鳞状黑褐色斑纹，之后逐渐循从翅膀到身体最后至头部的顺序，换上与成鸟相似的深色羽毛。乌鸫常单独或者成对活动，夏秋季节也可以见到家族群；另外，当冬季食物匮乏时，在结大量浆果的灌木上，偶尔可以见到成小群活动的乌鸫。乌鸫啭鸣复杂多变，嘹亮动听，能模仿其他鸟类的鸣叫，有“百舌鸟”的称誉。在飞翔时，它们常发出生涩似金属摩擦的“啧”声。

乌鸫常见于中国西南、华南和华东的大多数公园等城市绿地和近郊乡村。偏好有树木生长的草地和林缘生境。繁殖季节在地面大量捕食蚯蚓、蜗牛等无脊椎动物，秋冬季节也吃果实。在南方分布区为留鸟，在分布区北部则有部分个体有迁徙习性。2000 年以前，此鸟在北京尚无稳定的记录，据说第一笔确凿的繁殖记录来自英国驻华大使馆。自 2004 年左右开始频繁见于燕园北部镜春园和未名湖南岸山林中。之后数量迅速增长至饱和，如今已能见于校园各处绿地，尤以办公楼以东至南北阁附近林地草地间，以及燕南园内多见。

乌鸫　摄影 / 刘弘毅

喜鹊

Black Billed Magpie
Pica pica

体型略小 (45 厘米) 的鸦科鸟类。头颈黑色，具黑色的长尾，两翼及尾黑色并具金属蓝绿色辉光；飞羽、腹部白色，翅膀展开后背部呈现有一“V”字形大斑。单独或成对活动，在食物丰富地点或者冬季，也可见到很大的集群。喜鹊常发出粗粝成串的“喀喀喀”叫声，也会发出婉转的喉音。飞行中扑翼较慢。

喜鹊广泛分布于北半球，包括欧亚大陆北部和北非，以及北美洲西部。在中国，喜鹊分布几乎遍及全国，但在北方数量更大且常见。在分布区内，它们多为留鸟。在北京，喜鹊常见于市区和农村，是最常见的鸟类之一。在燕园中，喜鹊分布在校园各个角落。与喜爱游荡的表亲——灰喜鹊和红嘴蓝鹊——不同，它们更倾向于固定在属于家族势力范围的领地中活动。另外，与上述两种表亲相比，喜鹊更多地在地面走动觅食。没有建立领地的喜鹊往往结成大群在较大范围中游荡，尤其是在冬季。喜鹊聪明凶猛，食性很杂；并且能够团结协作驱逐猛禽和乌鸦等大型鸟类，堪称城市“第一猛禽”。另外，喜鹊也能建筑鸟类世界中最巧妙牢固的鸟巢。喜鹊巢大而有顶，开口在侧面；所选用的每根木棍都是从树上直接折断的柔韧枝条，它们甚至还懂得用铁丝加固树枝间的结合，并用泥抹平巢的内室。每个有领地的喜鹊家庭都会在领地中的大树上建立数个巢，轮流使用。这使得每个巢中的寄生虫不至于过多。上述特质是喜鹊仰仗之成功行于世间的法宝。北京大学的保护生物学和动物学等课程，均会设计与喜鹊有关的生态调查项目，每个项目的实施都能让我们对这种鸟的了解更深。

喜鹊　摄影 / 闻丞

星头啄木鸟

Grey-capped Woodpecker

Dendrocopos canicapillus

体小 (15 厘米) 具黑白色条纹的啄木鸟。下体无红色，头顶灰色。后背有黑白相间的横纹带，有近黑色条纹的腹部，有时沾染棕黄色。单声叫似大斑啄木鸟，但略显轻柔。

广布于南亚北部、中国、东南亚至马来群岛。生活于各种类型的森林，但倾向于常绿或者落叶阔叶林。常见在树干上垂直移动搜寻树皮缝隙间的食物。在北京，星头啄木鸟见于郊区近山或低山林地。在燕园，星头啄木鸟只在冬季和早春出现。无论在宿舍区还是北部人迹罕至的林地，都有可能见到这种小型的啄木鸟。它们时常会受到大斑啄木鸟的驱逐。

星头啄木鸟　摄影 / 韩冬

旋木雀

Eurasian Tree-creeper

Certhia familiaris

体型略小 (13 厘米) 而褐色斑驳的旋木雀。因常竖直爬在树干上，绕树干做上下螺旋运动而得名。下体白或皮黄，仅两胁略沾棕色且尾覆羽棕色。胸及两胁偏白，眉纹色浅。鸣声细薄而颤，在移动中发出轻而有金属质感的“啧啧”声。

旋木雀分布很广，从欧亚大陆北部至喜马拉雅山脉。但分布在喜马拉雅山脉和中国横断山地区的亚种近来已经被作为独立的物种看待。旋木雀生活在温带阔叶林和各海拔高度的针叶林中，依赖有较多老树和大树的生境，在自然界中密度不高，多单独活动，有时加入觅食的混合鸟群。在中国，旋木雀多在东北和新疆的林区繁殖。某些年份，由于诸如气候、食物等因素的影响，冬季会有很多旋木雀向南辐射式扩散。约每 20 ～ 30 年会出现一次这样的情况。在北京，仅在上世纪七十年代和 2007 年底至 2008 年初记录过旋木雀。2007 年至 2008 年的冬季，有一只旋木雀出现在未名湖周围的林地中，度过了整个冬天。同一时期，在天坛公园、地坛公园、北京航空航天大学校园和元大都遗址公园都记录到了这种鸟。

旋木雀　摄影 / 张永

燕雀

Brambling *Fringilla montifringilla*

中等体型(16 厘米)而斑纹分明的雀鸟。胸棕而腰白。成年雄鸟头及颈背黑色，背近黑；腹部白，两翼及叉形的尾黑色，有醒目的白色"肩"斑和棕色的翼斑，且初级飞羽基部具白色点斑。非繁殖期的雄鸟与繁殖期雌鸟相似，但头部图纹更明显，为褐、灰及近黑色。冬季多在飞行中发出单音的“啾”声。

燕雀广布于古北界北部，冬候鸟常见于华北至华南的广大区域。越冬期喜结群活动，群体规模从几只到成千上万不等。虽说有“燕雀安知鸿鹄之志”的俗语，但真正的“燕雀”则是能做很远距离迁徙的小鸟。它们主要于林地中觅食植物种子，也吃树木新芽或者带糖分的汁液。在无干扰的情况下经常下到地面活动。在北京，燕雀是各种园林绿地中最常见的冬候鸟之一。2003 年至 2004 年冬季，有数十万只燕雀结群夜宿于紫竹院公园，蔚为壮观。在燕园中，十月至翌年四月可见燕雀。燕雀多活动于燕南园，未名湖周边林地和北部林地，上午和下午在合适的地点可以观察到成群的燕雀飞到水边饮水和洗澡。

燕雀　摄影 / 张永

夜鹭

Night Heron
Nycticorax nycticorax

中等体型 (61 厘米)、头大而体壮的黑白色鹭。成鸟顶冠黑色，颈及胸白，颈背具两条白色丝状羽，背黑，两翼及尾灰色。亚成鸟全身棕色而密布白色点斑。在飞行中每隔数秒会发出粗重的单音“哇”声，故在有些地区俗称“夜哇子”。

广泛分布于欧亚大陆和非洲，近代自然扩散至美洲。喜稻田、湿地及有停歇处的大面积水域，捕食鱼类、两栖类，也盗食其他鸟的雏鸟。北方鸟南下越冬。在北京，自上世纪八九十年代起，夜鹭一度数量巨大。在首都机场附近的杨林大道周围和西郊玉泉山、百望山等地，都出现过多至数千巢的繁殖群体。近年数量剧减。曾经在夏季傍晚时抬头可见的呈“V”形掠过天空的夜鹭鸟阵，今日已经罕见。在燕园，在镜春园今天属于建筑研究中心的小岛上曾有十数巢夜鹭结群而居。这些夜鹭就在未名湖水系觅食繁殖。随着环境变迁，这一繁殖群体已经不复存在。但直至今天，仍有零星的个体在夏夜从他处飞到燕园内觅食。对于出生在燕园内的小鸳鸯和小绿头鸭，这些夜鹭就是最危险的敌人。

夜鹭　摄影 / 张永

鹰鸮

Brown Hawk Owl-Ninox scutulata

体型中等，体色深而外形似鹰的猫头鹰。面庞上无明显特征，头全深褐色。上体深褐；下体皮黄，具宽阔的红褐色纵纹；肩、臀、颏及嘴基部的点斑均白。虹膜黄色，脚黄色。鹰鸮常单独或成对活动，夏季可见家族群。成鸟鸣声为两个音节，如“喔 - 喔”，第二声短而上扬，音色浑厚空灵。求偶期间独身雄鸟在晨昏和夜晚鸣叫不停，配对后雄鸟和雌鸟会相和鸣叫。幼鸟乞食叫声细弱如虫鸣，须仔细听才可分辨。

鹰鸮广泛分布于中国东部、日本，直至东南亚，多见于低地的成熟阔叶林林缘。在分布区南部为留鸟，在分布区北部则有迁徙习性。鹰鸮捕食蝙蝠、鸟类和大型昆虫。在华北至东北的分布区内，鹰鸮非常罕见。虽然在河北曾有来自春秋迁徙季节的记录，但燕园是华北地区迄今已知的唯一一处有鹰鸮稳定繁殖的地点。2004 年，生命科学学院的博士生李晟在镜春园捡获一只被风筝线缠住的鹰鸮，并送至北京猛禽救护中心，这是北京的第一笔鹰鸮记录。自 2007 年以来，鹰鸮每年均在燕园繁殖，最多的一年曾有 6 只雏鸟出飞。鹰鸮每年四月下旬至五月

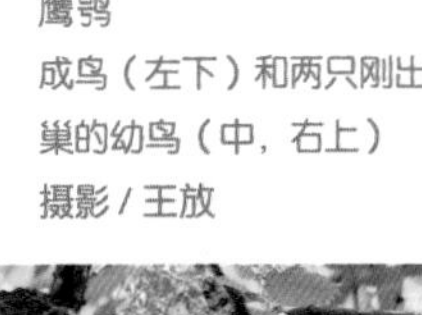

鹰鸮
成鸟（左下）和两只刚出巢的幼鸟（中，右上）
摄影 / 王放

迁来燕园，幼鸟一般在八月中旬出巢，家族群栖息至九月迁离。每年它们都准时出现在未名湖畔固定的巢区，选择老树上的树洞营巢。年年归去复还的鹰鸮已经与鸳鸯等一道，成为著名的校园风景。

鹰鸮 摄影 / 王放

鸳鸯

Mandarin Duck
Aix galericulata

体小 (40 厘米) 而色彩艳丽的鸭类。披繁殖羽的雄鸟有醒目的白色眉纹，头部、颈部和背部有金色的丝状长羽，拢翼后可见有直立的独特棕黄色炫耀性 " 帆状饰羽 "。胸部葡萄紫色，有粗著的黑色条纹将其与粉棕色带细纹的两肋隔开，腹部白色。雌鸟颜色黯淡但雅致，体羽呈亮灰色，有白色眼圈及眼后线，胸部和两胁有白色点斑，腹白。雄鸟的非婚羽似雌鸟，但嘴保持为红色。雄鸟发出短哨音，雌鸟鸣声似短促连续的鸭鸣。鸳鸯是国家二级重点保护动物。

繁殖于远东、华北和日本。在中国南方一些地区也有繁殖群体。在北方，鸟儿冬季南迁至长江流域及华南，远至四川、云南越冬。近代被引种至欧洲和北美洲。生活在有壳斗科林木荫蔽的溪流、池塘中，觅食植物、水生昆虫、软体动物和小鱼等。在树洞或者河岸洞穴中营巢。在北京，有大片水域的公园，如圆明园、紫竹院和北海公园中均可发现鸳鸯。在郊外的怀沙河、怀九河以及潮白河等流域也可发现鸳鸯种群。在燕园中，鸳鸯是夏候鸟。每年二月冰面开化时即有鸳鸯迁来，最多可同时观察到四到五对鸳鸯。之后逐渐分散活动，仅有一对或者两对鸳鸯会持续地停留在未名湖水系。它们往往在较多林木荫蔽，干扰也较少的鸣鹤园、镜春园和朗润园活动。五月底，迟至七月，可以发现雌鸳鸯在燕园中孵出小鸳鸯，并带到荷塘中栖居。九月中下旬，鸳鸯即离开燕园迁往他处。近年未名湖水系缺水日益严重，下游荷塘的干涸严重地影响了鸳鸯的生存和繁衍。燕园中的老榆树、老桑树和老柳树，以及未名湖南岸的栓皮栎，对鸳鸯而言是最为重要的树木。

鸳鸯（雄性幼鸟） 摄影 / 王放

鸳鸯 一对成鸟洗浴后在翻尾石鱼上小憩
摄影 / 韩冬

云雀

Eurasian Skylark
Alauda arvensis

中等体型 (18 厘米) 而具灰褐色杂斑的百灵。顶冠及耸起的羽冠具细纹，尾分叉，羽缘白色，后翼缘的白色于飞行时可见。尾及腿均较短，体形显得壮实。被从地面惊飞或者飞行时会发出不连续的颤音；繁殖季节常在空中振翅悬停，同时鸣唱。以悦耳婉转的鸣声著称于世。

分布区从欧洲延伸至东亚温带地区，冬季南迁。喜开阔草地生境，在地面走动觅食，吃草籽和昆虫。在飞行鸣叫中会忽然俯冲至地面覆盖处。在北京，云雀是常见的冬候鸟。大群云雀见于郊区各大水库周围的草滩荒地，也见于干涸的河道和农田中。在燕园，秋季深夜万籁俱寂时常可听见夜空中传来云雀空灵的单声颤音。那是迁徙中的云雀正在飞越校园。春季，在干涸的鸣鹤园荷塘芦苇丛中，偶尔会见到有云雀飞起。如此方寸之地是众多如云雀这样的荒野精灵在城市中可以寻觅到的唯一庇护所。

云雀
摄影 / 韩冬

沼泽山雀

Marsh Tit

Parus palustris

体小 (11.5 厘米) 的山雀。头顶及颏黑色，上体偏褐色或橄榄色，下体近白，两胁皮黄，无翼斑或项纹。下颏的黑色斑块甚小，另外头顶黑色富有光泽，这使得其有别于在冬季可能出现于城市绿地的近亲褐头山雀。鸣声为典型的三音节式山雀叫声“啾 - 啾 - 啾”，也发出单音节的干涩“啧”声，有时也发出高调的哨音。

沼泽山雀分布范围从欧洲延伸至东亚，遍及区内的温带地区，并分化为多个亚种，多为留鸟。它们喜欢生活在栎树、槭树等杂木构成的落叶阔叶林和近水的柳灌丛等密丛中，也能在果园和公园绿地生活。沼泽山雀一般成对生活，移动过程中雌雄呼应，活泼跳跃，叫声不绝。它们都有各自的领域。在北京，沼泽山雀是市区公园绿地常见的鸟类之一。很多地方都可以听见它们的鸣唱。在燕园，2004年以前，沼泽山雀仅见于校园北部有较多池塘林地交错的地块。之后，其活动范围逐年扩大，现在其数量已经接近饱和，身影遍及学校各处绿地，在行道树木上也时常能见到它们活动。春夏季节主要觅食昆虫等动物性食物，在冬季，则可见到它们啄食各种果实，包括油松、槭树、槐豆和白蜡、臭椿等树木的果实。

沼泽山雀　摄影 / 闻丞

赤链蛇

Red banded snake
Dinodon rufozonatum

赤链蛇也叫“火赤链”，得名的原因是因为它们身上有数十条的红色黑色彼此相隔的横纹。成年的赤链蛇体长可以超过 1.5 米，体背黑褐色。背鳞平滑，或体后段的中央少数几行微棱。颊鳞常入眶。头背黑色，鳞缘红色，枕部有一“∧”形红色斑，眶后有黑纹。

赤链蛇分布范围广大，从北京、山西，到四川、福建，甚至跨越海峡的台湾岛都能找到它们的身影。尽管赤链蛇看起来颜色鲜艳，头部也略微呈现三角形。但实际上赤链蛇性情温和，爬行缓慢，只有受到惊吓时才迅速敏捷的逃窜。一般情况下赤链蛇不会主动攻击人，即使不小心被人踩到也会钻到地面的缝隙间逃脱。长期以来人们都认为赤链蛇属于无毒蛇，直到国内外发现有爱好者被赤链蛇咬伤中毒之后，人们才发现在赤链蛇的口角内侧上颌的后端也有短而无沟的毒牙，只不过毒腺不发达，分泌量少，毒牙又藏在口腔深处，所以极少造成中毒现象。

可能很多人对蛇有着一种无法克服的恐惧。实际上，在校园见到赤链蛇的机会微乎其微。赤链蛇属夜行性蛇类，白天在隐蔽的角落蜷曲不动，夜间才外出活动。笔者在过去数年间长期在夜间的校园观察拍摄动物，也仅仅在校园河湖边见到过 4 次赤链蛇，每次都是匆匆一瞥之后赤链蛇就躲进水边的岩石缝隙间再也不肯出现。赤链蛇的食物多样，昆虫、小鱼、青蛙和老鼠都有可能变成赤链蛇的猎物。就是这样温和羞怯的蛇，是校园食物链之中的顶级捕食者。

赤链蛇　摄影 / 王放

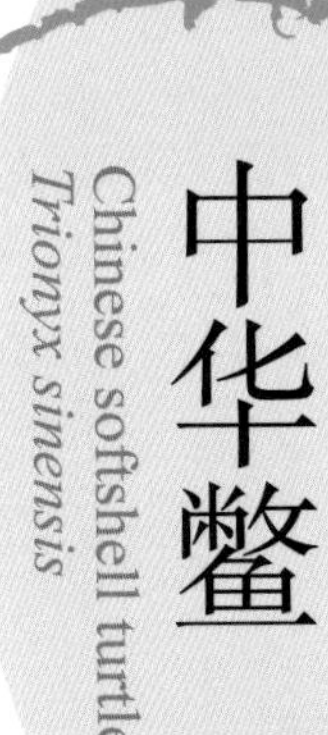

中华鳖

Chinese softshell turtle

Trionyx sinensis

体躯扁平呈椭圆形，背腹具甲。通体被柔软的革质皮肤，无角质盾片。体色基本一致，无鲜明的淡色斑点。头部粗大，脖颈细长呈圆筒状，伸缩自如。背甲暗绿色或黄褐色，腹甲灰白色或黄白色。尾部较短。四肢扁平，均可缩入甲壳内。中华鳖是冷血动物，生活于江河、湖沼、池塘、水库等水流平缓、鱼虾繁生的淡水水域，也常出没于大山溪中。有时上岸但不能离水源太远。能在陆地上爬行、攀登，也能在水中自由游弋。中华鳖的主要食物是水生昆虫和鱼虾，有时候也会吃一些水生植物。

中华鳖在野外分布广泛，除了宁夏、新疆、青海和西藏外的我国大部分地区都有分布，在日本、朝鲜、越南等地也能看到中华鳖的影踪。

行走在校园未名湖边，如果在阳光晴好的夏日细细观察，会看到在岸边不引人注意的条石上，在石坊旁的浅滩上会有黄褐色的扁圆身体一动不动地晒在日光下，那是中华鳖在进行日光浴。中华鳖的视力敏锐，一旦有人靠近就会缩头遁入水中以保护自己。入秋之后天气转凉，中华鳖会停止日光浴，大部分时间深入水底。而在漫长严寒的冬天，它们会钻入未名湖底的淤泥之中蛰伏，直到下一个春天的到来。

中华鳖　摄影 / 陈尽

北方狭口蛙

Kaloula borealis

北方狭口蛙俗称“气鼓子”，得名于它们在鸣叫时身体极度膨胀收缩的形态。北方狭口蛙是北京平原地区个体最小的蛙类，成体体长通常仅有 5 ~ 6 厘米。它们整体圆，头小，四肢短。体背黄褐略染绿色，体侧和四肢上有不规则深色斑块，腹部白。叫声比一般蛙类音调高，很有穿透力。

北方狭口蛙广布于华北至东北南部的平原地区。平时生活在近水的草木凋落物层、石缝、土穴等隐蔽处，白天蛰伏，夜间出来捕食蚂蚁、白蚁等昆虫。在夏季暴雨过后，北方狭口蛙成群进入雨后形成的积水洼中繁殖，雄性发出如“姆啊 - 姆啊 -”的急促叫声。它们喜欢水深在 10 ~ 50 厘米，水质肥沃的水域。北方狭口蛙的幼体发育极快。受精卵经历一天左右就能发育成为蝌蚪，蝌蚪经历二十余天就可以变态成为幼蛙，适应陆地生活。这在全世界的两栖动物中也是罕见的飞速发育案例。北方狭口蛙在漫长的干旱寒冷季节可以在深土穴中进入休眠状态。

燕园中的北方狭口蛙有曲折的生存历史。在上世纪六十年代以前，燕园内外水洼遍布。在今天的勺园至西门外一带附近，有一处近垃圾堆的臭水坑，彼时是狭口蛙最为集中的分布地。长期任教于北京大学生物系的李汝祺先生，在六十年代早期曾经用北方狭口蛙的蝌蚪为实验材料，进行过系统的脊椎动物遗传发育研究工作，其结果整理成数篇论文发表。七十年代以后，北大西门外和校园内的环境几经变迁，当初李先生和他的学生采集北方狭口蛙蝌蚪的那些池塘早已荡然无存。在最近十五年，没有人在燕园内和附近地区再发现这种小型蛙类，直至 2013 年。2013 年初，学校对西门外蔚秀园中已经干涸十余年的池塘进行了修复。八月初一场暴雨后，这些池塘重新积水，最深处超过一尺。当天午夜居然蛙声一片，隔墙可闻。这些蛙，正是已经销声匿迹超过一个时代的北方狭口蛙！这一年，再度有北方狭口蛙的蝌蚪游曳在北京大学的水体中。没有报道显示这种蛙能够在极端条件下蛰伏多年，但它们在燕园的故事活生生地向世人昭示，这是一种多么顽强的生命。

北方狭口蛙　摄影 / 陈炜

黑斑蛙

European Robin

Rana nigromaculata

体长约 7 ～ 8 厘米的蛙类，头部略呈三角形，长略大于宽。眼后方有圆形鼓膜，大而明显。体背面有 1 对较粗的背侧褶，2 背侧褶间有 4 ～ 6 行不规则的短肤褶，若断若续，长短不一；背部基色为黄绿色或深绿色，或带灰棕色，具有不规则的黑斑，背中央常有一条宽窄不一的浅色纵脊线，由吻端直到肛口。

在中国，从华北北缘到华南北缘的平原和丘陵地区最习见，数量很多。日本、朝鲜、俄罗斯 (亚洲部分东部) 也有分布。常栖息于稻田、池塘、湖泽、河滨、水沟内或水域附近的草丛中，是适应性相当强的蛙类。

北大的黑斑蛙更多集中在未名湖以西、以北的连贯水体之中。夏日的夜晚走在鸣鹤园、镜春园或者朗润园的河湖边，沸反盈天的蛙鸣会提醒你它们的存在，也会让人体会到夏日的旺盛生命力。大部分小黑斑蛙会变成鹭鸶、猫头鹰、赤链蛇和乌鳢的丰盛大餐，而幸运存活下来的个体，会成为校园生态系统之中的重要一环，控制昆虫的数量。有意思的是，校园之中的黑斑蛙呈现着让人意想不到的个体差异，有些体色深绿，有些体色橙黄，还有一些呈现黑炭一样的深色。小小的校园，确是各色黑斑蛙的巨大舞台。

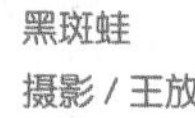

黑斑蛙
摄影 / 王放

黑斑蛙　摄影 / 闻丞

黑斑蛙　摄影 / 闻丞

黑斑蛙　摄影 / 闻丞

中华蟾蜍

Chinese toad

Bufo gargarizans

体型粗壮有力的蟾蜍，体长在 10 厘米以上，全体皮肤极粗糙，除头顶较平滑外，其余部分，均满布大小不同的圆形瘰疣。头宽大，口阔，吻端圆，吻棱显著。口内无锄骨齿，上下颌亦无齿。近吻端有小型鼻孔 1 对。眼大而凸出，后方有圆形的鼓膜。头顶部两侧各有大而长的耳后腺。

分布十分广泛，东北、华北、华东、华中、西北、西南省区都能看到中华蟾蜍的身影。中华蟾蜍栖息场所类型广泛，既可以在泥土中挖洞，也可以躲藏在岩石下面或者灌丛之间。尽管白天也可以看到中华蟾蜍活动，但实际上它们的主要活动时间是夜晚。和动作敏捷的黑斑蛙不同，中华蟾蜍的运动能力较慢，也不太能顺着树枝攀援，一般情况下它们只能在地上爬行，但却并不妨碍它们捕捉大量的蜗牛、蚂蚁、甲虫与蛾类等动物为食。黄昏爬出捕食。产卵季节因地而异，卵在管状胶质的卵带内交错排成四行。卵带缠绕在水草上，每只产卵 2000 ~ 8000 粒。成蟾在水底泥土或烂草中冬眠。其蝌蚪喜成群朝同一方向游动。

北大的中华蟾蜍数量不在少数。它们不仅夏天会出现在学校的水塘沟渠边，冬天也依然顽强存活。有些中华蟾蜍冬天钻进鸣鹤园、镜春园的湖底淤泥之中，在冰面以下躲避严寒蛰伏。还有一些中华大蟾蜍就钻到鸣鹤园的那些风烟旧物之下，在石碑下面、残砖瓦砾下面静静睡觉等待春天的到来。由于蟾蜍的食量要远远大于黑斑蛙，所以也许这些貌不惊人的蟾蜍，在生态系统中还起着更为重要的作用。

中华蟾蜍　摄影 / 王放

棒花鱼

Abbottina rivularis

鲤科鮈亚科棒花鱼属鱼类。体长可达 10 厘米。鱼体粗壮。鼻孔前方下陷。唇厚，上唇的褶皱不显著；下唇侧叶光滑。背鳍无硬刺，位于背部最高处。背部暗棕黄色，体侧呈棕黄色，吻及眼后各有一条纵纹。体侧上部每一鳞片后缘有一黑色斑点，各鳍为淡黄色。背鳍和尾鳍上有许多小黑点。雄鱼比雌鱼体大而粗壮，繁殖季节各鳍延长，胸鳍前缘和头部生长有珠星。

广布于中国东部各大水系。生活在流水或静水底层。主食无脊椎动物和藻类。在燕园水系中，棒花鱼见于鸣鹤园、西门鱼池、勺海直至未名湖。春夏季节有大量鱼苗随水流下至镜春园和朗润园水域。棒花鱼是数量最多的底栖鱼类。每年四月，成年雄鱼会在水底清理出数十厘米见方的砂砾质求偶场地，吸引雌鱼前来产卵。雌鱼产卵后，雄鱼将一直在这一地点守护鱼卵，肩负驱逐盗食鱼卵的小鱼和保持鱼卵清洁的职责。

棒花鱼　摄影 / 吴岚

中华鳑鲏

Rhodeus sinensis

鲤科鳑鲏亚科鳑鲏属鱼类。一般体长 6 厘米左右。体扁薄而高，外形呈卵圆形。口角无须。侧线不完全。背鳍基底短于背鳍基部末端至尾鳍基部的距离；胸鳍末端后伸不达腹鳍起点；臀鳍具 8 ～ 11 根分支鳍条。成年雄鱼色泽艳丽：背灰蓝色，体银白，身躯前端体侧靠近腮处有一辉蓝色亮点，之后有一道蓝色横纹，尾鳍基部至躯干中央有一条蓝色纵纹，繁殖季节遍体沾染粉红色调，并在吻部长出白色珠星。背鳍有红色边缘；臀鳍有黑色边缘，向内则有一抹红色；尾鳍中央有一道红色。臀鳍式样是其区别于外形接近的高体鳑鲏的主要特征。雌鱼体型较小而颜色朴素，有时背鳍上有一显著黑斑，泄殖腔处具产卵管，繁殖季节延长拖出，可插入河蚌腮中。幼鱼如其他鳑鲏，背鳍上均有显著黑斑。

分布于中国华北至华东地区，但在南方远不如高体鳑鲏常见。生活于水生植物丰富的浅水缓流或静水池沼，结群生活。以水草、藻类、枝角类等无脊椎动物为食。产卵于蚌类腮瓣中。在北京，彩石鳑鲏见于颐和园昆明湖等水质较好的水域。在燕园水系中，彩石鳑鲏主要见于未名湖。平时多在岸边浅水处中下层活动，性情活泼，容易见到。是未名湖滨岸地带最常见的鱼类之一。

中华鳑鲏
摄影 / 吴岚

鳘鲦 *Hemiculter Leucicius*

鲤科鳘属小型鱼类。通常体长 10 ～ 14 厘米，罕有超过 20 厘米的大个体。体长而薄。头略尖，侧扁，头长短于体高，吻中长，吻长于眼径。口端位，中大，斜裂，上下颌约等长。无须。眼较大，侧中位，位于头之前部。眼间隔宽而微凸。体被中大圆鳞，薄而易脱落。体背部青灰色，腹侧银色。尾鳍边缘灰黑。

分布中国东部各主要水系。生活于缓流水或静水的上层，行动敏捷迅速，性活泼，喜集群，沿水面快速游动觅食近水面的食物。杂食，主食无脊椎动物。在北京，鳘鲦见于市区各大水体，包括公园湖泊和市内污染较轻的运河中。在燕园水系中，鳘鲦见于西门鱼池、勺海和未名湖。暮春至秋季，在湖面上常可见到三五成群的鳘鲦快速游动。冬季下沉至深水处越冬。鳘鲦数量较大，是一些在开阔水面活动的食肉鱼类的主要食物来源。

鳘鲦　摄影 / 韦铭

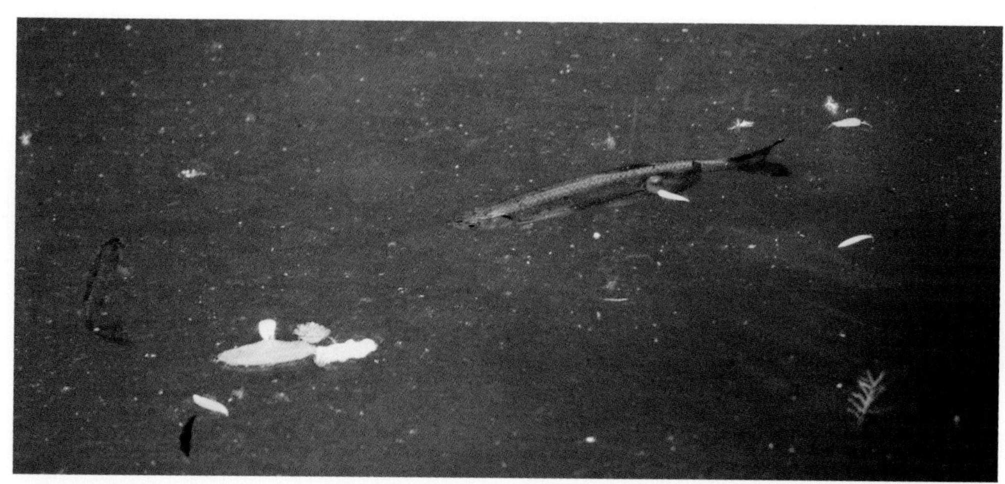

黄颡鱼

Pelteobagrus fulvidraco

鲇形目鲿亚科黄颡鱼属鱼类。体长可达 12 ～ 14 厘米。体长，腹平，体后部稍侧扁。头大且平扁，吻圆钝，口大，下位，上下颌均具绒毛状细齿，眼小。须 4 对，上颌须特别长。无鳞。背鳍和胸鳍均具发达的硬刺，硬刺尖带有毒性，刺活动时能发声。胸鳍短小。成鱼体青黄色，有黄色斑纹；腹黄色；各鳍灰黑带黄色。年龄越大则身体越黄。幼鱼几乎全深色，仅在背鳍周围和身体后部各有一片黄色斑。成年后雄鱼比雌鱼体大。

广布于中国东部各大水系。生活在静水或缓流底层。白天常隐匿在水底隐蔽处，夜间较为活跃。捕食小鱼、小虾和水生昆虫等小动物。繁殖季节雄鱼掘坑为巢，雌鱼产卵在巢中，之后雄鱼护卵直至幼鱼孵化至能够自由游动觅食为止。幼鱼常在岸边活动。在燕园水系中，黄颡鱼多见于未名湖。夏季夜晚很容易在岸边发现幼体。成体平时罕见，但春夏季节在未名湖下游泄水口附近容易观察到体长十余厘米的成体。

黄颡鱼　摄影 / 韦铭

鲫

Crucian

Carassius auratus

鲤科鲤属代表性鱼类。身体似鲤、但体较扁而高；通常成体体长 20 ～ 25 厘米。头小，眼大，无须；下咽齿 1 行，侧扁；背鳍基部较长，背鳍、臀鳍均具有带锯齿的粗壮硬刺。多数个体背部棕黑或棕黄而腹白。但也有一些天然突变个体为金色或红色。正是这样个体，在中国自一千多年前开始受到劳动人民的不断选育，形成了今天多姿多态风靡世界的各色金鱼。

为广布、广适性鱼类，遍及亚洲东部寒温带至亚热带的江河、湖泊、水库、池塘、稻田和水渠等水体，以水草丛生的浅水湖汊和池塘为多。生命力强。食物包括浮游生物、底栖动物及水草等。繁殖力强，在华东、华南 1 龄可达性成熟，每年三月至八月在浅水湖汊或河湾的水草丛生地带分批产卵。卵黏附于水草或其他物体上发育。在燕园水系，既有野生鲫鱼，也有放养的观赏用草种金鱼。野生鲫鱼见于各水体，包括季节性水体。草金鱼则主要见于西门鱼池及相邻的鸣鹤园、勺海水体。野生鲫鱼与草金鱼可以自由杂交，在未名湖水体中也能发现很多杂交后代跟随野生鲫鱼群活动。每年三月底湖冰完全开化后，未名湖中的鲫鱼群聚集至入水口和出水口处。当有较多新水注入，水流加快时，群鱼就开始进行繁殖洄游。四月，未名湖的鲫鱼可向上溯至勺海甚至鸣鹤园产卵，或向下至镜春园和朗润园产卵。尤其在秋冬季节枯水的镜春园和朗润园，一无各种捕食鱼卵的小型食肉鱼，二有大量枯草充当产床，一旦在春季浸水，就成为未名湖鲫鱼产卵的首选之地。另外，枯死的植物浸水后滋养出大量微生物，进而促成各种枝角类节肢动物的爆发性繁殖，这也为新生的鲫鱼苗提供了充足的食物。在这些有利因素作用下，在未名湖下游镜春园、朗润园水系出生的鲫鱼苗能迅速成长。如果这些水体能从每年四月维持至九月，则能有很多强壮个体回到未名湖，继续成长为大鱼。鲫鱼作为未名湖的优势种之一，能够最大限度地利用燕园水系的水体，并且是多种食肉鱼类、食肉鸟类甚至食肉昆虫的重要捕食对象，在水生生态系统中地位重要。

鲫　摄影 / 吴岚

鲤

Carp

Cyprinus carpio

鲤科鲤属代表性鱼类。体长，略侧扁，最大个体能长到 1 米以上。下咽齿呈臼齿形。背鳍基部较长。背鳍、臀鳍均具有粗壮的、带锯齿的硬刺。侧线鳞 34 ～ 40，鳃耙外侧 18 ～ 24。口端位，马蹄形，触须 2 对，后对为前对的 2 倍长。身体背部纯黑，侧线下方近金黄色。

广布于东亚各大水体，被引种至欧洲、美洲和澳洲。栖息于水域底层。喜底质松软、水草丛生的静水或者缓流水体。杂食性，主食底栖动物，也食相当数量的高等植物和丝状藻类。适应性强，能耐寒，耐碱，耐缺氧。通常 2 龄成熟，南

水面下深色的大鱼为野生鲤鱼，左侧黄色的为锦鲤，大鱼左下方的朱红色的鱼是金鲫鱼。鲤鱼和鲫鱼也是世界上驯养历史最为悠久的观赏鱼。　摄影 / 陈炜

方群体一般于清明前后在河湾或湖汊水草丛生的地方繁殖，分批产卵，卵黏性强，黏附于水草上发育。四五月份是盛产期。北方寒冷地带群体，六月才开始产卵。怀卵量最多可达 200 多万粒。在燕园水系，既有野生鲤鱼，也有放养的观赏锦鲤。野生鲤鱼曾经见于各常年有水的水体；锦鲤则主要见于西门鱼池和相邻的鸣鹤园、勺海。镜春园、朗润园渐次干涸后，仅未名湖和勺海还有体型较大的野生鲤鱼，最大者体长超过 60 厘米。每年三月底，未名湖中的鲤鱼离开越冬的深水区，常可见有大鲤鱼觅食搅动底泥形成的浑水团。这一过程使得沉积于水底的营养物质释放分散到水体中，对浮游动植物生长有利。五月至六月，当有大量新水注入湖中时（降雨或者地表水补给），鲤鱼就开始产卵。群鱼聚于水草丛生处追逐，常激起很响的水花；产卵有时是在夜间进行。在镜春园和朗润园有水时，大量鲤鱼苗顺水而下在食物丰富而天敌较少的荷塘中成长，有些个体能够回到未名湖中。鲤鱼是未名湖水系数量最多的大型鱼，对维持水质和整个水体中的物质能量流动有重要作用。

麦穗鱼

Pseudorasbora parva

鲤科麦穗鱼属小型鱼类。通常体长不超过 15 厘米。口上位，口角无须。背鳍末端不分枝，鳍条柔软、分节，但不为硬刺，各鱼鳍无硬刺。下咽齿 1 行。雄鱼个体大，雌鱼个体小，差别明显。生殖时期雄鱼体色深黑，吻部、颊部出现珠星。吻部珠星膨大隆起为刺状。雌鱼和幼鱼体色较淡，背棕黄而腹色浅，体侧中央有一条黑色纵带。

原产于中国东部各水系，被引入云贵高原以及欧洲等地。捕食浮游生物、无脊椎动物和其他鱼的稚鱼、鱼卵等，也吃植物性食物。栖息于淡水静水水体近岸处中层和底层，很少见于流水。1 年即可性成熟，繁殖力强，在各种经历过度捕捞或者缺乏大型鱼类的水体中能成为优势种。在燕园水系，麦穗鱼见于鸣鹤园、西门鱼池、勺海、未名湖。在春夏季节有鱼苗顺水流进入镜春园和朗润园水体，但无法过冬。在有石砌驳岸的水体中，麦穗鱼是近岸小型鱼群落中的优势种。四月，成年雄鱼会打斗占区，胜利者即围绕一块大石建立领地，吸引雌鱼前来产卵。雌鱼产卵在清洁干净的石面上，雄鱼负担起之后的保卫工作。鱼苗孵出后还要集群活动一段时间，之后即分散开来各自觅食成长。深秋季节，麦穗鱼离开近岸，游至深水区越冬。喜在岸边活动的麦穗鱼是翠鸟最主要的捕食对象之一。

麦穗鱼　摄影 / 吴岚

鲶鱼

Silurus asotus

鲶科鲶属代表性鱼类。体长可达60厘米。体长，头部平扁，头后侧扁。口阔，上位，下颌突出。上下颌及犁骨上有许多绒毛状细齿。成鱼有须2对，在幼鱼期则有须3对。眼小，体光滑无鳞。背鳍前端有1根硬刺，其前缘有锯齿；臀鳍长，后端与尾鳍相连；尾鳍小，呈斜切形。体呈灰褐色或带黄色调，具黑色斑块，有时全身黑色，腹部白色，其他各鳍灰黑色；幼鱼期体黄绿色。成年雌鱼个体大于雄鱼。

广布于中国东部各大水系。平时喜欢栖息于江河缓流水域和湖泊的中、下层，亦能适应于流水中生活。白天多隐蔽于草丛、石块下或深水的底层，晚间则非常活跃，喜游至浅水处觅食。捕食对象多为小鱼，也食虾和水生昆虫，属于凶猛的底栖肉食性鱼类。秋后则居于深水或在污泥中越冬，冬季的摄食程度也减弱。在燕园水系中，鲶鱼见于几乎所有水域。每年四月中下旬，当大量新水注入未名湖水系时，未名湖中的成年鲶鱼即开始繁殖洄游。往上可进入勺海甚至西门鱼池，往下则进入镜春园、朗润园以及红湖等水域。这期间甚至在白天也能在西门鱼池的水面上观察到大鲶鱼兴奋地来回游动。进入镜春园等处的鲶鱼三五成群活动于近岸浅水处的草丛中，雄鱼追逐雌鱼，最后雌雄鱼身体彼此纠缠实现排卵授精。产卵后的成年鲶鱼回到未名湖中，稚鱼孵化后，先是觅食枝角类，体型稍大后就以先期在同一水域孵化的鲫鱼苗和蝌蚪为食。小鲶鱼极其贪食，甚至可吃到腹部膨大至不能游动，只能平躺在水底。这些小鲶鱼在一个夏季最大可长至20余厘米长。最后在池水干涸前有少量能回至未名湖继续成长。2010 年由于施工的缘故，镜春园至朗润园提前断流，导致很多大鲶鱼被困在红湖和朗润园中。在朗润园中的大鱼均被建筑工人捉走，而困在红湖中的个体大多幸运地被北京大学绿色生命协会的同学们救援放回未名湖中。共计二十余条体长 40 至 60 厘米的大鱼幸免于难。2011 年，镜春园和朗润园完全断流，但在六月初仍在未名湖北岸发现了大量刚刚孵化的鲶鱼幼苗。有理由相信其中就有上一年度被救的鲶鱼的后代。作为燕园水系中体型最大且活动范围最大的水生捕食者，鲶鱼对维持水生生物群落结构的稳定性和多样性有重大的意义。

鲶鱼　摄影 / 刘弘毅

翘嘴鲌

Top-mouth Culter

Culter alburnus

鲤科鲌亚科鲌属中型鱼类。体长一般可达 50 厘米，最大者体重可至数千克。体长，甚侧扁，头背面平直，头后背部隆起，体背部有平缓优美的曲线轮廓。口上位，下颌很厚，且向上翘，口裂几乎成垂直。眼大，位于头的侧下方。下咽齿末端成钩状。背鳍小但具强大而光滑的硬刺；尾鳍分叉，下叶稍长于上叶。体背略呈青灰色，两侧银白，各鳍灰黑色。

分布于中国东部各主要水系和越南红河流域。生活在宽阔的缓流河道和湖泊水库中，一般在水上层活动，游动迅捷，善跳跃，性凶猛，捕食各种小鱼。在北京城区，翘嘴鲌见于颐和园、圆明园等处的较大湖泊中。在燕园水系，翘嘴鲌见于西门鱼池、勺海和未名湖。夏季常可见翘嘴鲌在水面迅速追袭小鱼，迫使大量小鱼同时跃出水面的景象。六月至七月，成年的翘嘴鲌在夜间三五成群沿石岸追逐产卵，弄出的水声即使距离很远也清晰可闻。夏秋季节烈日当空的中午，常可在湖滨树荫下的水域发现体长 30 厘米以下的翘嘴鲌，有时会有数尾聚集在同一水域。大型个体则常单独活动。冬季，它们潜至深水处休眠。

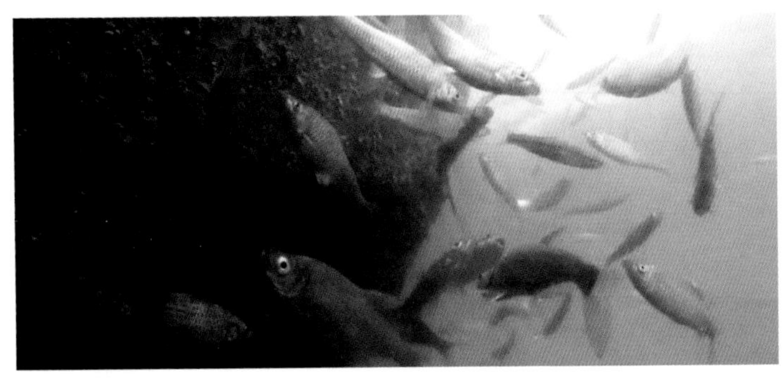

图片最下方的大鱼是翘嘴鲌。
摄影 / 陈炜

青鳉 *Oryzias latipes*

鳉科青鳉属鱼类，是本属在东亚北部的唯一代表。体长很少超过 3 厘米。体形侧扁，背部平直，腹缘略呈圆弧状。头中等大，较平扁，眼大，口小，下颌稍长于上颌。头部及身体被圆鳞，无侧线。背鳍条 6，位置很靠后；臀鳍条 16 ～ 19；尾鳍截形。体背侧淡灰绿色，体侧及腹面银白色，臀鳍及尾鳍散布黑色小斑点，其他各鳍淡色。有金属光泽的眼珠和躯干在水面异常显眼。雄鱼繁殖季节臀鳍和腹鳍沾黑色调。

曾经广布于东亚，包括中国东部，往西达陕西、四川，以及朝鲜半岛和日本。但由于入侵种食蚊鱼的排挤，青鳉已经从中国大陆的大多数亚热带地区消失，仅在华北的一些地区还较为常见。青鳉为小型表层鱼类，生活在水质清澈的缓流河道或者池沼近岸水域，尤其是有水生植物生长的地方。杂食性，捕食浮游动物、落在水面的昆虫，也接受植物性食物。对水质较为敏感，不能生活在有重污染的水域，可以作为环境指示物种。在北京，青鳉见于各种水质清澈的低地水域。在燕园水系中，青鳉一度罕见，仅在鸣鹤园和勺海中发现。近年以来，未名湖水域已经有较多青鳉生存，尤其在入水口附近和文水陂，都很容易发现这种喜爱在水面游动的小鱼。

雌鱼刚产下的卵依然通过细丝与母体相连。　摄影 / 吴岚

乌鳢

Northern Snakehead

Channa argus

鳢科鳢属代表性鱼类。体长一般可达 50 厘米，最大有至 80 厘米者。身体前部呈圆筒形，后部侧扁。头长，前部略平扁，后部稍隆起，形状和斑纹都极其类似蟒蛇头。吻短圆钝，口大，端位，口裂稍斜，并伸向眼后下缘，下颌稍突出。牙细小，带状排列于上下颌，下颌两侧齿坚利。眼小，上侧位，居于头的前半部，距吻端颇近。鼻孔两对，前鼻孔位于吻端呈管状，后鼻孔位于眼前上方，为一小圆孔。鳃裂大，左右鳃膜愈合，不与颊部相连。鳃耙粗短，排列稀疏，鳃腔上方左右各具一有辅助功能的鳃上器。乌鳢体色呈灰至黑色，体背和头顶色较暗黑，腹部淡白，体侧各有不规则黑色斑块，头侧各有两行黑色斑纹。奇鳍有黑白相间的斑点，偶鳍为灰黄色间有不规则斑点。

广布于中国东部各大水系，北起黑龙江，南至珠江。生活于水草茂盛的湖泊、池沼、缓流河道中，也能生活在稻田和藕塘里。春、夏、秋三季常活动于水体中上层，北方群体冬季潜入水底淤泥中越冬。多在白天捕食各种小鱼。常貌似慵懒地漂浮在荫蔽处，待小鱼接近时发起迅猛进攻。在气温较高的季节，需要不时浮上水面换气。亚成体鱼可小群生活，成年鱼具有领域性，攻击进入其领地的同类。在繁殖季节，雌雄鱼配对后建立巢域，衔水草并吐泡筑成很大的漂浮巢。雌鱼在巢下方产下黄色的漂浮性卵。之后，雌雄鱼在巢边守护直至幼鱼孵化。幼鱼孵化后结群活动，亲鱼亦紧紧跟随，带领幼鱼在近岸水草丰富并有较多食物的地方活动。幼鱼长至 3 至 4 厘米长时亲鱼仍有护卫行为，之后幼鱼便分散

正在守护幼苗的亲鱼。蝌蚪状的小黑点就是乌鳢幼苗。 摄影 / 闻丞

独立生活。在燕园水系中，乌鳢曾经是常见种，见于所有水域。在鸣鹤园仍有荷花生长时，每年夏天均可发现很多十余厘米大的幼乌鱼躲在荷叶下。西门鱼池中直至2008年仍可见到两条长达60厘米以上的大乌鳢。随着荷花渐次减少和未名湖下游水系的萎缩，现在乌鳢仅偶见于勺海和鸣鹤园。未名湖中自2007年起便再未观察到过乌鳢繁殖。虽然乌鳢在北美洲是恶名昭著的入侵物种，但在燕园水系中则是具有重要生态地位的顶级消费者。它们捕食伤病的鱼，这对维持鱼群健康有重要意义。它们控制着在近岸水域活动的麦穗鱼、虾虎鱼等小型食肉鱼的数量，使得鲤鱼、鲫鱼、翘嘴鲌等大中型鱼类产下的鱼卵和幼鱼不至于都被这些小鱼吃掉——上述鱼类均无护卵习性，天敌对鱼卵的捕食是影响繁殖成功率的重要因素。让未名湖某些水域（如文水陂）常年保留有一定面积的荇菜丛，以保证湖中的乌鳢能够顺利繁殖，是一项维护未名湖生态平衡的必要措施。

乌鳢身上的花纹类似蟒蛇。 摄影 / 闻丞

圆尾斗鱼

Fish of Paradise

Macropodus ocellatus

斗鱼科斗鱼属鱼类。体长一般不超过 13 厘米。体侧扁，呈长椭圆形，背腹凸出，略呈浅弧形。头侧扁。吻短突。眼大而圆，侧上位。眼间隔宽，微凸出。前鼻孔近上唇边缘，后鼻孔在眼近前缘。口小，上位，口裂斜，下颌略突出。鳃孔重大。鳃上腔宽阔，内有迷路状鳃上器官，有辅助呼吸作用，因这一结构，斗鱼科又被称为迷鳃科。具圆鳞，眼间、头顶及体侧皆被鳞。侧线退化，不明显。背鳍一个，起于胸鳍基后上方，基底甚长，棘部与鳍条部连续，后部鳍条较延长。臀鳍与背鳍同形，略长于背鳍，起点在背鳍第三鳍棘之下。胸鳍圆形，较短小。腹鳍胸位，起点略前于胸鳍起点，外侧第一鳍条延长成丝状。尾鳍圆形。体侧暗褐色，有的暗灰色，有不明显黑色横带数条。鳃盖骨后缘具一蓝色眼状斑块，小于眼径。在眼后下方与鳃盖间有两条暗色斜带。体侧各鳞片后部有黑色边缘，身体前部沾染墨绿色而后部渲染红色调。背鳍、臀鳍暗灰色而端红，胸鳍透明，腹鳍为银色。繁殖季节雄鱼体色极其艳丽，全身沾染红色调并有孔雀蓝光泽，腹鳍延长为丝状且沾染蓝绿金属光泽。背鳍、臀鳍末端拉丝，所有奇鳍均布满蓝绿亮斑和条纹，背鳍和臀鳍的延长部分亦为闪蓝绿色。雌鱼颜色稍逊，鳍条不拉丝，但也颇为可观。

圆尾斗鱼是本属鱼类分布最为靠北方的代表。广布于黑龙江至长江以北各平原水系，以及朝鲜半岛和日本中南部。在黑龙江和日本可能是引入种。在长江以南，圆尾斗鱼通常罕见，仅有记录于浙江等地。圆尾斗鱼生活在水草繁茂的池沼和缓流河道中。多在浅水区水面附近活动。游动缓慢优雅，以突袭方式捕食蚊虫、孑孓、枝角类节肢动物以及小鱼、小虾等。冬季，圆尾斗鱼潜入水底落叶层或淤泥中越冬。在北方，五月至七月是斗鱼的繁殖季节。雄鱼在水草繁茂处吐泡筑浮巢，在浮巢附近做绚丽的炫耀吸引雌鱼前来产卵。由于斗鱼卵密度比水大，所以每次雌鱼排卵后，雄鱼都要将下沉的鱼卵用嘴吸起，小心地放至泡巢中。一旦产卵结束，雄鱼便将雌鱼驱离浮巢，然后独自守护鱼卵直至鱼苗孵化且能独立游动觅食为止。孵化过程中如果浮巢被外力破坏，雄鱼将奋力修补，并努力搜集失散的鱼卵，将其一一放回巢中。在北京，圆尾斗鱼曾是遍布城乡各种水体的小鱼。但随着景观的改变，现在仅能在颐和园附近水系、北海 - 什刹海水系以及远郊区的一些水体中发现斗鱼。在燕园水系中，斗鱼曾经也是常见种。但自上世纪九十年代未名湖清淤后，已经难以发现。近年来，校友中的一些鱼类爱好者多次将圆尾斗鱼重引入未名湖水系中。自 2009 年以来，在一些有水草生长的水域，已经能发现少量圆尾斗鱼，并可观察到当年繁殖的幼鱼。希望这种有“天堂鱼”美誉的小鱼，能够重新在燕园水系中繁衍生息。

圆尾斗鱼　摄影 / 刘弘毅

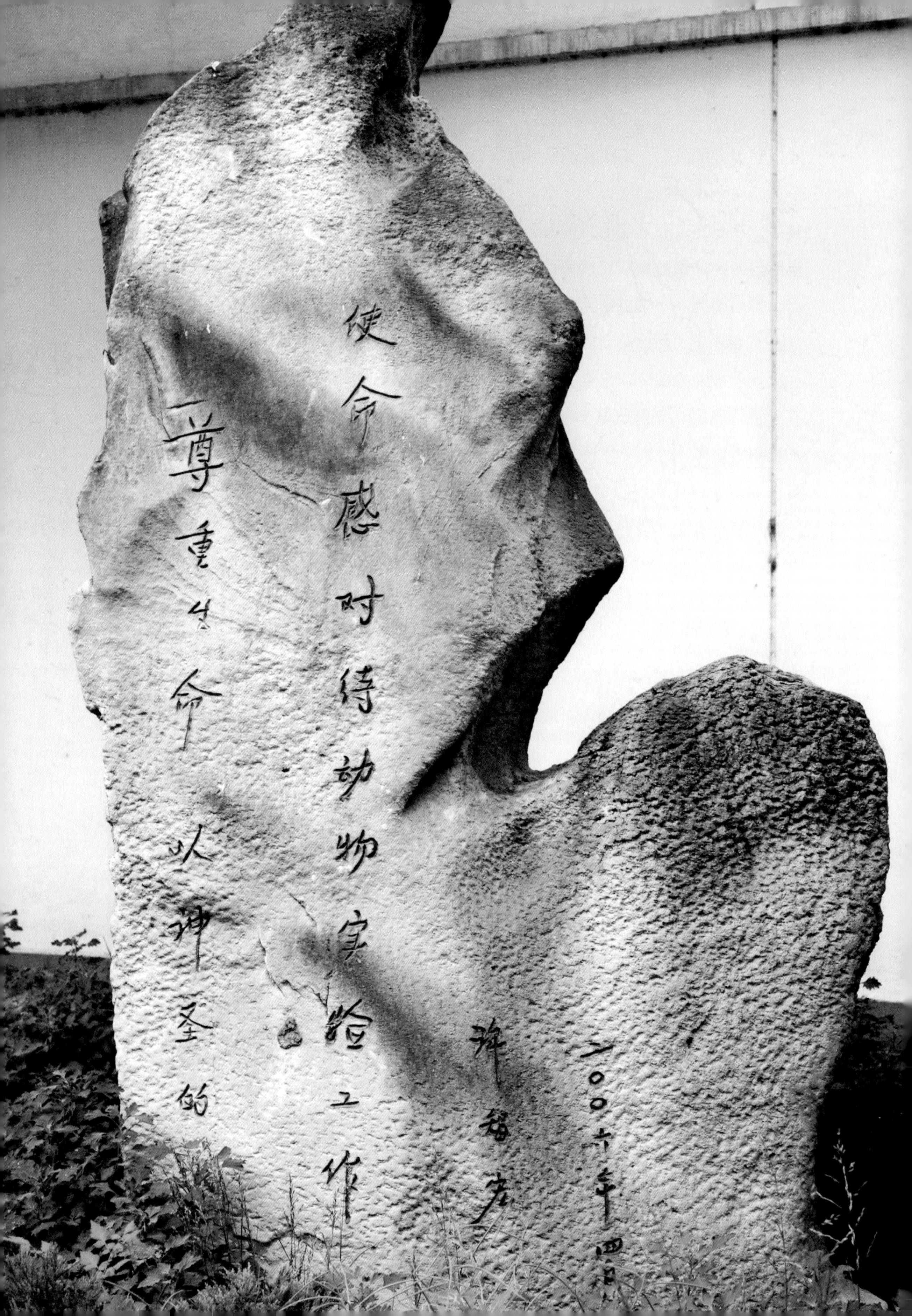
尊重生命
以神圣的
使命感对待动物实验工作
二〇〇六年

实验动物

实验动物为现代医学生物学做出了巨大的贡献。认识到实验动物在燕园中的存在，了解它们在北京大学科学研究和人才培养过程中发挥的作用，也是对生命了解和尊重的一种形式。

斑马鱼

Danio rerio

鲤科短担尼鱼属鱼类。成鱼体长一般不超过 4 厘米，口角有一对须。身体底色银色，体侧有蓝色、金色横纹从头部延伸至尾鳍末端，臀鳍上也有类似横纹。成年雄鱼身体细长，各鳍条延长，游动飘逸；雌鱼形似雄鱼，但显得短粗，腹部在繁殖期间隆起明显，各鳍条不延长。

原产于南亚，生活在热带地区的清澈缓流或静水中，常在水体中上层结群活动，性温和，杂食性。成熟后每 2 ~ 3 天可繁殖一次，雌鱼每次产卵可多至数百粒。鱼苗最快 36 小时即可孵化。斑马鱼在近代作为观赏鱼被引入世界各地，是最常见的小型水族箱养殖鱼类之一。在长期选育中形成多个色型，如红色、白色等。由于其基因有 87% 与人类同源，又有数以千计的基因突变品系，近年逐渐成为新兴的脊椎动物模型。与其他模式脊椎动物（如小鼠）相比，斑马鱼具有如下优势：体外授精，体外发育，性成熟快，繁殖力强，饲养成本低，空间场地小。因此可以在有限时间、空间和人力投入条件下获得大量胚胎以满足各种实验需求，而透明的胚胎使得筛选特定组织器官发育和行为异常的突变体变得更容易。在业已奠定的斑马鱼胚胎学、分子遗传学研究基础上，这一模式动物已经被广泛地应用于开发人类重大疾病模型和药物筛选平台，进而促成了许多有价值的研究成果。北京大学建有斑马鱼实验室，在遗传学教学、研究中发挥着重要作用。

斑马鱼　摄影 / 陈炜

家兔

Oryctolagus cuniculus

家兔由生活在地中海地区的野生穴兔驯化而来，属兔形目，兔科，穴兔属。中国本无穴兔分布，人们俗称的“野兔”与穴兔并不同科，虽然外形相近，但是习性有很大区别。中国的野兔并不挖掘洞穴，产下的幼崽发育完善，全身被毛，很快就能四处跑动。而野生穴兔和家兔则善于挖掘洞穴，产下的幼崽全身无毛，眼睛紧闭，需在母亲照料十余天后才有活动能力。家兔外形特征与野生穴兔祖先相差并不明显。头呈卵圆形，吻突较钝，耳长；前腿短而后腿长，跑动时多呈跳跃姿态。家兔通常体长 50 厘米左右，体重 2 至数千克，也有一些特殊品系能长至更大体型。家兔为植食性动物，喜食多汁的植物嫩芽、枝叶和块根、块茎。与啮齿目动物类似，家兔的门牙也会终生持续生长，因此家兔也喜啃咬硬物磨牙。家兔夜间活动较为活跃，排出消化不完全、黏性较大、形状不规则的粪粒，不同于白天排出的黑色硬颗粒。它们会将其吞下，再次消化。家兔 8 月龄性成熟，孕期 30 ～ 31 天，幼兔哺乳期 30 天左右。家兔性情温顺，通常无声，仅在受到惊吓的时候发出吱叫声。

家兔有一系列生理特征，使其适于成为实验动物。例如，兔的体积和显药（病）性成正比；血清量产生较多；胸淋巴结明显；耳静脉大，易于注射和采血；发热反应典型、灵敏而恒定；对皮肤刺激反应敏感近似于人；颈部神经血管和胸腔结构适合用于急性心血管试验，眼球结构适于进行手术操作和观察等。上述特征使得家兔成为药理学、心血管学和眼科研究领域中最常用的实验动物之一。家兔为人类医学研究做出了巨大贡献。

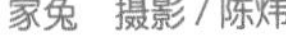
家兔　摄影 / 陈炜

猕猴

Macaca mulatta

猕猴属灵长目，猴科，猕猴属，是中国最常见的猴类。猕猴体长50厘米左右，尾长10余厘米至20余厘米。面部似人而吻部和眉脊向前突出，鼻狭长，鼻孔向下，具颊囊。头部毛发呈棕黄色，背上部棕灰色至棕黄色，下部染橙色调，腹部淡灰黄色至灰白色。猕猴臀部胼胝明显。猕猴广布于中国东部季风区，从西南、华南、华中、华东均有，边缘性见于华北和西北部分地区。北京雾灵山曾是猕猴在我国分布的北界。猕猴营半树栖生活，也常至地面活动，群居于有石山峭壁的森林溪谷中。猕猴食性杂，吃各种植物的种子、果实和鲜嫩的茎叶，也吃小动物。猕猴是国家二级保护动物。

由于与人类密切的亲缘关系，非人灵长类一直是社会心理学和医学生物学领域一时难以替代的珍贵模式动物，在神经生理学、病毒学、肿瘤学、心理学和行为学，甚至老年学等领域均有重要应用。实验动物福利强调最大限度地满足动物维持生命需要、维持健康需要及维持舒适需要。这一点在具有复杂神经活动能力和发达社会结构的非人灵长类身上，更进一步地提出了实现心理康乐的需求。只有在精心维持的饲育环境中生活的猕猴，才能健康繁衍，而科学研究也才能获得可靠的数据。北京大学分子医学所、心理系等有研究组基于猕猴开展研究工作。

猕猴　摄影 / 陈炜

小鼠

Mus musculus

小鼠由小家鼠在人工饲养条件下演变而来。小家鼠是啮齿目，鼠科，小鼠属动物，原产于欧亚大陆西部和北非的温带地区，现已随着近代人类迁徙的足迹遍布于世界各地。成年小家鼠通常全长不超过 16 厘米，体重 18 ～ 49 克，雌性比雄性略小。小家鼠吻部突出，眼较大，耳直立呈半圆形。尾甚长，表面覆有环状角质的鳞片。小家鼠是最为适应人类居住环境的哺乳动物，如今几乎只见于人类居住的乡村和城镇，主要栖息于建筑物和市政设施内部。它们喜居于光线昏暗的安静环境中，多昼伏夜出。小家鼠食性极广，与其他啮

小鼠　摄影 / 陈炜

齿类动物一样，需定期啃啮硬物以磨耗不断生长的门齿。小家鼠 6 ～ 7 周龄即可性成熟，孕期 19 ～ 21 天，哺乳期 20 ～ 22 天；产仔后立即就发情。一只母鼠在生存条件优渥时每年可以繁殖 6 ～ 10 胎，每胎 8 ～ 15 个幼崽。

由于饲养简便，繁殖迅速，性情较为温顺，小鼠很早就成为一种普遍的实验动物。据载早在十七世纪，即有研究人员用其进行实验。早在二十世纪初，研究人员就对小鼠的遗传和基因变化进行了系统分析，并得到了第一个近交系小鼠。自上世纪二十年代末开始，科学家开始在实验室中大规模地选育实验鼠株系，至今已获得数百个近交系，数千个突变品系。通过现代基因工程手段，人们发现小鼠 96% 的基因组序列中，有 99% 能够在人类中找到同源序列；长期研究显示，其生理生化指标和调控机制与人类相似。自本世纪初小鼠基因组全序列测序工作完成以后，大规模的小鼠基因敲除研究开始在各国展开。自人类进入文明时代以来，小鼠也许是让人类最为烦恼的物种；但在现代医学和生物学发展史上，小鼠又是贡献最大的哺乳动物。北京大学各生物医学相关实验室经常需用小鼠进行试验研究。

附录：校园动物名录*

*：为在图片故事以及物种介绍中出现过，并有图片的种类

蝶类

中文名	学名	中文名	学名
柑橘凤蝶*	*Papilio xuthus*	亮灰蝶*	*Lampides boeticus*
丝带凤蝶*	*Sericinus westwood*	东方菜粉蝶*	*Pieris canidia*
黄钩蛱蝶*	*Polygonia caureum*	斑缘豆粉蝶*	*Colias erate*
大红蛱蝶*	*Vanessa indica*	隐纹谷弄蝶*	*Pelopidas mathias*
蓝灰蝶*	*Everes argiades*		

哺乳动物

中文名	学名	中文名	学名
小家鼠*	*Mus musculus*	花鼠*	*Eutamias sibiricus*
褐家鼠	*Rattus norvegicus*	东亚伏翼*	*Pipistrellus abramus*
黑线姬鼠	*Apodemus agrarius*	刺猬*	*Erinaceus europaeus*
达乌尔黄鼠	*Spermophilus dauricus*	黄鼬*	*Mustela sibirica*
岩松鼠	*Sciurotamias davidianus*	家猫*	*Felis silvestris catus*
		家犬	*Canis lupus familiaris*

鸟

中文名	学名	中文名	学名
雉鸡	*Phasianus colchicus*	家燕*	*Hirundo rustica*
鹌鹑	*Coturnix japonica*	白腹毛脚燕	*Delichon urbicum*

小天鹅	*Cygnus columbianus*	金腰燕*	*Hirundo daurica*
赤麻鸭	*Tadorna ferruginea*	鳞头树莺	*Urosphena squameiceps*
鸳鸯*	*Aix galericulata*	日本树莺	*Cettia diphone*
绿头鸭*	*Anas platyrhynchos*	银喉长尾山雀	*Aegithalos caudatus*
绿翅鸭	*Anas crecca*	棕眉柳莺	*Phylloscopus armandii*
鹊鸭	*Bucephala clangula*	巨嘴柳莺	*Phylloscopus schwarzi*
小䴙䴘*	*Tachybaptus ruficollis*	黄腰柳莺*	*Phylloscopus proregulus*
黄苇鳽*	*Ixobrychus sinensis*	云南柳莺	*Phylloscopus yunnanensis*
紫背苇鳽	*Ixobrychus eurhythmus*	黄眉柳莺	*Phylloscopus inornatus*
栗苇鳽	*Ixobrychus cinnamomeus*	淡眉柳莺	*Phylloscopus humei*
夜鹭*	*Nycticorax nycticorax*	极北柳莺	*Phylloscopus plumbeitarsus*
绿鹭	*Butorides striata*	双斑绿柳莺	*Phylloscopus plumbeitarsus*
池鹭*	*Ardeola bacchus*	淡脚柳莺	*Phylloscopus tenellipes*
牛背鹭	*Bubulcus coromandus*	乌嘴柳莺	*Phylloscopus magnirostris*
苍鹭	*Ardea cinerea*	冕柳莺*	*Phylloscopus coronatus*
白鹭*	*Egretta garzetta*	冠纹柳莺*	*Phylloscopus reguloides*
鹗	*Pandion haliaetus*	褐柳莺	*Phylloscopus fuscatus*
凤头蜂鹰*	*Pernis ptilorhynchus*	东方大苇莺*	*Acrocephalus orientalis*
黑鸢	*Milvus migrans*	黑眉苇莺*	*Acrocephalus bistrigiceps*
白尾鹞*	*Circus cyaneus*	细纹苇莺	*Acrocephalus sorghophilus*
日本松雀鹰*	*Accipiter gularis*	厚嘴苇莺	*Iduna aedon*
雀鹰*	*Accipiter nisus*	北短翅莺	*Bradypterus davidi*
苍鹰	*Accipiter gentilis*	矛斑蝗莺	*Locustella lanceolata*

灰脸𫛭鹰	*Bustastur indicus*	小蝗莺	*Locustella certhiola*
普通鵟	*Buteo japonicus*	棕扇尾莺	*Cisticola juncidis*
金雕	*Aquila chrysaetos*	山鹛	*Rhopophilus pekinensis*
红隼*	*Falco tinnunculus*	棕头鸦雀	*Sinosuthora webbiana*
红脚隼	*Falco amurensis*	红胁绣眼鸟	*Zosterops erythropleurus*
燕隼	*Falco subbuteo*	暗绿绣眼鸟	*Zosterops japonicus*
游隼	*Falco peregrinus*	戴菊*	*Regulus regulus*
普通秧鸡	*Rallus aquaticus*	鹪鹩*	*Troglodytes troglodytes*
白胸苦恶鸟*	*Amaurornis phoenicurus*	旋木雀*	*Certhia familiaris*
红胸田鸡	*Porzana fusca*	八哥*	*Acridotheres cristatellus*
黑水鸡*	*Gallinula chloropus*	丝光椋鸟*	*Sturnus sericeus*
黄脚三趾鹑	*Turnix tanki*	灰椋鸟*	*Spodiopsar cineraceus*
金眶鸻	*Charadrius dubius*	北椋鸟	*Agropsar sturninus*
丘鹬	*Scolopax rusticola*	白眉地鸫	*Zoothera sibrica*
扇尾沙锥	*Gallinago gallinago*	虎斑地鸫	*Zoothera dauma*
针尾沙锥	*Gallinago stenura*	灰背鸫	*Turdus hortulorum*
矶鹬	*Actitis hypoleucos*	乌鸫*	*Turdus merula*
山斑鸠	*Streptopelia orientalis*	褐头鸫	*Turdus feae*
灰斑鸠	*Streptopelia decaocto*	白眉鸫	*Turdus obscurus*
火斑鸠	*Streptopelia tranquebarica*	黑颈鸫	*Turdus atrogularis*
珠颈斑鸠*	*Spilopelia chinensis*	赤颈鸫	*Turdus ruficollis*
鹰鹃	*Hierococcyx sparverioides*	宝兴歌鸫	*Turdus mupinensis*
小杜鹃	*Cuculus poliocephalus*	红尾歌鸲	*Luscinia sibilans*

四声杜鹃	*Cuculus micropterus*	欧亚鸲*	*Erithacus rubecula*
大杜鹃*	*Cuculus canorus*	红喉歌鸲	*Luscinia calliope*
领角鸮	*Otus semitorques*	蓝歌鸲*	*Luscinia cyane*
红角鸮*	*Otus sunia*	红胁蓝尾鸲*	*Tarsiger cyanurus*
纵纹腹小鸮	*Athene noctua*	北红尾鸲*	*Phoenicurus auroreus*
长耳鸮	*Asio otus*	黑喉石䳭	*Saxicola maurus*
鹰鸮*	*Ninox scutulata*	白喉矶鸫	*Monticola gularis*
普通夜鹰	*Caprimulgus jotaka*	灰纹鹟	*Muscicapa griseisticta*
普通楼燕*	*Apus apus*	乌鹟	*Muscicapa sibirica*
三宝鸟	*Eurystomus orientalis*	北灰鹟	*Muscicapa dauurica*
蓝翡翠	*Halcyon pileata*	白眉姬鹟*	*Ficedula zanthopygia*
普通翠鸟*	*Alcedo atthis*	绿背姬鹟	*Ficedula elisae*
冠鱼狗	*Megaceryle lugubris*	红喉姬鹟	*Ficedula albicilla*
戴胜*	*Upupa epops*	麻雀*	*Passer montanus*
星头啄木鸟*	*Dendrocopos canicapillus*	山鹡鸰	*Dendronanthus indicus*
大斑啄木鸟*	*Dendrocopos major*	黄鹡鸰	*Motacilla tschutschensis*
棕腹啄木鸟	*Dendrocopos hyperythrus*	黄头鹡鸰	*Motacilla citreola*
灰头绿啄木鸟*	*Picus canus*	灰鹡鸰*	*Motacilla cinerea*
灰山椒鸟	*Pericrocotus divaricatus*	白鹡鸰*	*Motacilla alba*
长尾山椒鸟*	*Pericrocotus ethologus*	理氏鹨	*Anthus richardi*
红尾伯劳*	*Lanius cristatus*	树鹨	*Anthus hodgsoni*
黑枕黄鹂*	*Oriolus chinensis*	北鹨	*Anthus gustavi*
黑卷尾	*Dicrurus macrocercus*	棕眉山岩鹨	*Prunella montanella*

发冠卷尾	*Dicrurus hottentottus*	苍头燕雀	*Fringilla coelebs*
寿带*	*Terpsiphone paradise*	燕雀*	*Fringilla montifringilla*
松鸦	*Garrulus glandarius*	金翅雀	*Carduelis sinica*
灰喜鹊*	*Cyanopica cyana*	白腰朱顶雀	*Carduelis flammea*
红嘴蓝鹊*	*Urocissa erythrorhyncha*	普通朱雀	*Carpodacus erythrinus*
喜鹊*	*Pica pica*	北朱雀	*Carpodacus roseus*
达乌里寒鸦	*Coloeus dauuricus*	黄雀	*Carduelis spinus*
小嘴乌鸦	*Corvus corone*	白头鹀	*Emberiza lecucephalos*
大嘴乌鸦	*Corvus macrorhynchos*	三道眉草鹀	*Emberiza cioides*
小太平鸟	*Bombycilla japonica*	白眉鹀*	*Emberiza tristrami*
太平鸟	*Bombycilla garrulous*	小鹀	*Emberiza pusilla*
沼泽山雀*	*Parus palustris*	黄喉鹀*	*Emberiza elegans*
煤山雀	*Periparus ater*	栗鹀*	*Emberiza rutila*
黄腹山雀*	*Parus venustulus*	灰头鹀	*Emberiza spodocephala*
大山雀*	*Parus major*	黑尾蜡嘴雀*	*Eophona migratoria*
云雀*	*Alauda arvensis*	黑头蜡嘴雀	*Eophona personata*
白头鹎*	*Pycnonotus sinensis*	锡嘴雀	*Coccothraustes coccothraustes*
崖沙燕	*Riparia riparia*		
家燕*	*Hirundo rustica*		

两栖动物及爬行动物

中文名	学名	中文名	学名
北方狭口蛙*	*Kaloula borealis*	金线蛙	*Rana plancyi*
黑斑蛙*	*Rana nigromaculata*	中华蟾蜍*	*Bufo gargarizans*
东方铃蟾	*Bombina orientalis*		
赤链蛇*	*Dinodon rufozonatum*	虎斑游蛇	*Rhobdophis tigrina*
乌龟	*Chinemys reevesii*	红耳彩龟	*Trachemys scripta*
中华鳖*	*Trionyx sinensis*	中国壁虎	*Gekko chinensis*

鱼类

中文名	学名	中文名	学名
乌鳢*	*Channa argus*	翘嘴鲌*	*Culter alburnus*
圆尾斗鱼*	*Macropodus ocellatus*	鳌鲦*	*Hemicculter leuciclus*
中华多刺鱼	*Pungitius sinensis*	麦穗鱼*	*Pseudorasbora parva*
子陵吻虾虎	*Rhinogobius giurinus*	棒花鱼*	*Abbottina rivularis*
波氏吻虾虎	*Rhinogobius cliffordopei*	兴凯刺鳑鲏*	*Acanthorhodeus chankaensis*
中华沙塘鳢*	*Odontobutis sinensis*	大鳍刺鳑鲏	*Acanthorhodeus macropterus*
黄（鱼幼）	*Hypseleotris swinhonis*	高体鳑鲏	*Rhodeus ocellatus*
青鳉*	*Oryzias latipes*	中华鳑鲏*	*Rhodeus sinensis*
鲤*	*Cyprinus carpio*	泥鳅	*Misgurnus anguillicaudatus*
鲫*	*Carassius auratus*	黄鳝	*Monopterus albus*
鲢	*Hypophthalmichthys molitrix*	中华刺鳅	*Sinobdella sinensis*
鳙	*Aristichthys nobilis*	鲶鱼*	*Silurus asotus*
草鱼	*Ctenopharyn odon*	黄颡鱼*	*Pelteobagrus fulvidraco*

后记

北京地处中国动物地理中的东北区、华北区以及蒙新区三个区系的交汇地带，并有青藏区和华中区的成分渗透，原生物种丰富。燕园地处北京西北郊的海淀，西倚太行，北望燕山，曾经泉林殊胜。正是海淀这不是江南而胜似江南的风物格局，成就了中国古典园林的巅峰之作——三山五园。燕园与三山五园素有渊源，经历过数个世纪的营造，其中保留了成片的古树、绿地和半天然的池沼。当海淀的天光水色逐渐为现代化城市的繁华替代，颐和园和圆明园成为完全开放的公园，作为学府所在地的燕园，因其人文环境反而保留了更多自然因素，于是逐渐成为一片城市中野生动物的乐土。

自 1952 年北京大学迁入燕园，北大生物系就不乏热爱动物、也热爱动物学及相关领域研究的师生。新中国成立初期，北京大学生物系曾主持过北京动物调查，为后人留下了许多那个时代北京地区包括燕园内动物群落、生态的第一手资料。遗传学宗师摩尔根的中国弟子李汝祺教授曾长期在燕园任教。在同代人中，他富有开创性地注意到胚胎发育致死现象背后的遗传机制，更早地预见到遗传密码子的存在。李汝祺教授是遗传学大师，但他对关心草木鸟兽的博物学也兴趣浓厚，早在上世纪三十年代，李先生就与同仁组织成立“北京博物学会”，并曾任学会会长，参与出版《北京博物杂志》；李先生也曾长期从事动物生态学教学工作。从燕园走进中国科学院的郑宝赉女士，是上世纪为数不多的女性鸟类学家。在条件还很艰苦的岁月，她以杰出的野外工作能力博得了同行的认可，并以主要撰稿人的身份执笔《中国动物志、鸟纲、第一卷》。上世纪八十年代初，烽烟尚未散去，郑先生又成为首位深入考察中越边境这一生物多样性极为丰富区域的鸟类学家，期间获得的大量原始资料为《云南鸟类志》的编写做出了卓越贡献。短暂地在燕园驻足过的陈桢教授，通过对金鱼品系的形成历史和遗传机制进行了开创性研究，成为鱼类遗传学研究的开创者。从北京大学生物系毕业的朱作言院士，更在鱼类基因转移定向育种方面做出了世界领先的成绩。在北大生物系就读，任教并主持动物生态学研究至今的潘文石教授，在上世纪五十年代末即参加中国第一支珠穆朗玛峰探险队，参与撰写了《中国珠穆朗玛峰科学考察报告》；八十年代领导组织一支综合队伍，对秦岭大熊猫进行系统深入的野外研究，其工作成果先后获得国家教委科学进步一、二等奖，并赢得了世界声誉。自上世纪九十年代开始，潘文石教授转战广西崇左，对世界上最濒危的灵长类之一——白头叶猴——开展长期野外研究和保护至今。潘文石教授培养、组织的动物生态学和保护生物学队伍，是国内外同行中的知名团队之一。潘文石教授的弟子吕植教授，继在秦岭长期研究大熊猫之后，着眼中国自然保护的研究、实践、能力建设和政策推动，建立了北京大学自然与社会研究中心，研究项目遍及中国西部的四川、青海、西藏、云南、陕西和甘肃，以及东北的额尔古纳河流域，涉及普氏原羚、藏羚羊、藏野驴、雪豹、亚洲黑熊、棕熊等珍稀物种。吕植教授团队开展的“生物多样性快速调查”项目，在近年获得了藏东南、三江源、川西、广西、云南和东北额尔古纳河流域的生物多样性本底资料。正是在这种持续存在的对自然界中动物的浓厚兴趣氛围熏染下，吕植教授的研究团队和校内外的自然爱好者，将在名山大川和无垠荒野中实践过的各种物种调查、监测技术手段应用于北大校园，经历多年积累，逐渐发现了北大燕园中令人叹为观止的野生动物世界。

本书的主要撰稿人闻丞、王放、吴岚和陈炜均是吕植教授研究团队的成员。闻丞从本科至博士研究生期间均就读于北京大学信息科学技术学院电子系，从事激光生物学研究。由于对鸟类持久的兴趣，十余年来闻丞一直持续观察和记录北大校园中的鸟类。自2006年以来，闻丞在假期参与吕植教授主持的“生物多样性快速调查项目”；博士毕业后，又加入自然与社会研究中心从事博士后研究工作，力图将十余年来在数理方面积累的知识技能和鸟类学方面的心得应用于物种分布预测模型。2012年，闻丞以副主编身份参与《中国鸟类图鉴》的撰稿工作，也是本书鸟类相关部分的撰稿人。王放自幼生长在北大校园，本科至博士就读于生命科学学院，博士期间在大熊猫分布区开展熊猫小种群调查和熊猫廊道方面的研究。在对自然历史和摄影两方面的浓厚兴趣的驱动下，王放成长为中国最著名的青年野生动物摄影师之一。他镜头中的北大和北大动物，曾以《北大的秘密——校园里的生态系统》为专题，出现在《华夏地理》杂志中，首次将燕园中丰富而当时尚不广为人知的生态系统呈现在公众面前。王放为本书提供了大量精彩的物种和景观图片，也是校园哺乳动物等相关部分的撰稿人。吴岚本科毕业于中国农业大学，研究生期间师从吕植教授，在三江源地区从事棕熊的生态研究。在研究生一、二年级，吴岚组织负责了“未名湖水系鱼类多样性调查”，成果获得“挑战杯”校级奖励，并为本书提供了大量鱼类图文信息；吴岚还参与了《燕园草木》的编撰。吴岚是本书鱼类相关部分的撰稿人。陈炜的父母均为北大校友，又在北大附近的中科院下属单位工作，因此他自幼常在燕园中观察花鸟鱼虫，熟悉燕园的一草一木。他是北京大学自然与社会研究中心校园监测项目目前的主要负责人，也是本书蝴蝶相关部分的主要撰稿人。

北京大学自然与社会研究中心的朱小健老师，姚锦仙老师，王昊老师，陈炜，李晟博士，申小莉博士以及肖凌云，刘熹等同学，长期参与校园生物多样性监测，为本书的编撰提供了大量技术支持和基础信息。在北京大学生命科学学院从事动物学教学的王戎疆老师和龙玉老师，利用教学平台给予校园动物调查大力支持。此外，自幼生长于北大校园，2005年毕业于北京大学力学系的校友刘弘毅，为本书提供了大量精彩的物种以及景观照片。毕业于北京大学生命科学学院，现任教于北大附中的韩冬老师，坚持组织猛禽迁徙监测已逾10年，为本书提供了大量猛禽和其他鸟类的图片。同样毕业于北京大学生命科学学院的李凯，在蝶类研究方面造诣颇深，为本书中蝶类部分的编写提供了大量重要信息。马克思主义学院的张永副教授，利用业余时间踏遍大江南北拍摄野生鸟类，是国内知名的观鸟者和鸟类摄影师，也为本书提供了一些鸟类图片。长期参与校园生物多样性监测的本科同学，蒙皓、江都、谭玲迪、张棽等同学，为我们更新了很多关于动物分布的信息。校内外的观鸟者和自然爱好者，如毕业于北大生命科学学院的郑爱华博士，毕业于北大医学部的校友陈钰柱，曾至北大观鸟的唐嘉琳女士、朱雷先生、韦铭先生等，如果没有他们的发现，我们就可能错过一些难得一见的物种。享有盛誉的野生动物摄影师奚志农先生，早在 2005 年就曾提供摄影摄像器材给北京大学绿色生命协会拍摄校园野生动物，留下了一批宝贵的影像资料。曾担任北京大学校党委办公室主任，现任北京大学校友会理事的魏自强先生，对本书中涉及校园区划变革和历史变迁的部分进行了仔细校阅，并提出一些建设性意见。

在许智宏校长的总指挥下，吕植教授组织校园生物多样性监测，在校内外众多自然爱好者和科研工作者的参与和支持下，历经数年，终于汇集了校园内大部分脊椎动物的图文资料，并对校园中一些动物与动物的关系，动物与植物的关系，以及水位涨落相伴的生态过程进行了初步观察与记录。本书精选了其中一部分或特别美丽（如鸳鸯），或特别罕见而有保护级别（如鹰鸮），或特别常见普通（如麻雀、喜鹊），或有特殊的故事（如欧亚鸲）的动物进行了介绍。值得一提的是，实验动物对教学科研做出了重大贡献，它们也是校园动物中不容忽视的一部分，本书也用一定篇幅对其进行了摘要介绍。另外，由于各方条件和编者知识所限，本书未收录燕园中的蝴蝶以外的昆虫和其他无脊椎动物，虽然昆虫理所当然是燕园动物中种类和数量最多的类群。北京大学曾有优异的昆虫学研究队伍，对中国现代昆虫学的奠基和发展都有举足轻重的影响。本书留下的这一遗憾，有待今后更多学者和爱好者的参与来弥补。

本书中动物类群的出场顺序为“蝴蝶 - 哺乳动物 - 鸟 - 爬行动物 - 两栖动物 - 鱼 - 实验动物”。哺乳动物学名遵循《中国哺乳动物种和亚种分类名录与分布大全》（王应祥，2003）；鸟类学名主要采用《中国鸟类分类与分布名录》（郑光美，2011）系统，部分吸收了《中国鸟类年报》编辑组根据分类学最新结果对鸟种名的修订；爬行动物、两栖动物和鱼类的学名主要遵循《北京脊椎动物检索表》（高武，1994）。对各物种的介绍包括野外识别特征、生态习性、在全国的分布状况、在北京的分布状况，对某些物种还介绍了它们在北大的出现地点和规律。书中附上的鸟类名录包括了 2002-2012

年记录于燕园的所有鸟种；鱼类名录也涵盖了同一时段记录于燕园水系的鱼种，其中包括一些历史上有分布而在九十年代消失，近年又通过自然爱好者和校友努力重引入定植成功的物种，如圆尾斗鱼。哺乳动物名录中的岩松鼠、达乌尔黄鼠迟至 2005 年还可见于未名湖滨的绿地，消失仅在近年。两栖、爬行动物名录中，金线蛙和东方铃蟾在燕园中曾经确有分布。东方铃蟾据载为中国两栖爬行动物学的主要奠基人，燕京大学校友刘承钊先生于 1927 年自烟台采来，分别放至燕园和樱桃沟；燕园中的已不见踪迹，但在西山一带仍不罕见。金线蛙原来在北京极为常见，近年也已经大面积消失。

燕园动物群落的组成与变迁，能反映校园环境的状况与变化。燕园动物、燕园植物、燕园建筑和燕园中形形色色的人们组成了一道鲜活的风景，它们组成了一部立体的自然人文史。在物种介绍之外，我们加入了大段描述燕园中的动物与环境、与植物，乃至与人类活动关系的文字，这是一种记录与阐明这种生命间复杂关系的尝试，希望给读者带来一种灵动而富有想象空间的体验。由于编者水平知识的局限，以及动物群落本身的复杂性，恳请读者发现并指出本书中的欠缺与错误，以便我们在再版时订正完善，以期进步。

闻丞

二〇一三年七月于燕园